KB141633

바쁜 엄마도 부담 없는

초간단

52주

엄마표놀이

초간단 52주 엄마표 놀이

초판 1쇄 발행 2021년 1월 10일

지은이 이지선
발행인 조상현
마케팅 조정빈
편집인 김주연
디자인 Design IF

펴낸곳 더디퍼런스
등록번호 제2018-000177호
주소 경기도 고양시 덕양구 큰골길 33-170
문의 02-712-7927
팩스 02-6974-1237
이메일 thedibooks@naver.com
홈페이지 www.thedifference.co.kr

ISBN 979-11-6125-284-1 13590

바쁜 엄마도 부담 없는

초간단

52주

엄마표 놀이

스마트폰 없이도 즐거운 아이 주도 집콕 놀이

이지선 지음

더 디퍼런스

디지털기기로부터
우리 아이들을 지켜 주세요

세월이 참 빠르게 지나갑니다. 꼬마였던 제가 세 아이의 엄마가 되고, 마흔이라는 나이를 넘어서 살아가고 있으니 말입니다. 꼬마였을 때는 마흔이라는 숫자가 아득히 멀게만 느껴졌습니다. 영원히 꼬마일줄 알았는데 이제는 꼬마들을 키우는 엄마가 됐네요. 우리 집 귀여운 꼬마들도 자라서 저와 같은 생각을 하는 날이 오겠지요. 이렇게 시간이 빠르게 지나가는 것이 느껴질 때면 남은 시간을 잘 살아가고 싶다는 소망이 생깁니다. 세상을 향해 따뜻한 마음으로 주어진 사명을 위해 최선을 다해 하루하루 살고 싶습니다. 놀이를 소개하는 일은 제게 사명처럼 다가온 일입니다. '어떤 사람으로 살고 싶은지'에 대한 고민을 하고 있을 때 놀이책을 써서 세상에 도움을 주는 사람이 되고 싶다는 꿈을 꾸었으니까요. 이렇게 두 번째 놀이책으로 인사하게 돼 무척 기쁩니다.

저는 손재주가 없어서 주로 만들기 쉽고, 활동하기 쉬운 놀이 위주로 아이들과 즐겁게 시간을 보냈습니다. 아이들과 함께한 놀이를 SNS(카스채널/아이들은 놀이마술사)에 공유하면서 많은 분들이 찾아와 주셨고, 도움이 된다고 이야기해 주셔서 얼마나 기쁘고 감사했는지 모릅니다. 단 한 사람에게라도 도움이 된다면 그것으로 만족했습니다. 이제 조금 더 욕심을 내 봅니다. 이 땅의 모든 아이들이 온전히 그 시기에 누려야 할 것들을 누리며 마음껏 놀기를 바랍니다.

최근 풍요로워진(넘쳐 나는) 디지털기기로 인해 아이들이 잘 놀지 못하는 모습을 보면서 마음이 무척 아팠습니다. 제가 디지털기기의 유해성에 대해 특별히 더 관심을 갖게 된 사연이 있습니다. 순둥이였던 둘째아이가 저도 모르는 사이에 디지털기기에 빠져 버린 것입니다. 저는 2009년부터 2013년도까지 임신과 출산을 반복하며 육아에 지쳐 있었습니다. 세 명의 아이 중 한 명이라도 디지털기기 앞에 얌전히 앉아 있으면 육아가 훨씬 수월하게 느껴졌죠. 그렇게 꽤 오랜 시간 동안 둘째아이는 디지털기기 앞에 방치됐습니다.

둘째아이는 36개월이 지나도 말을 잘하지 못해 의사소통에 문제가 생겼습니다. 고집은 더욱 심해졌고, 어느 날부터 눈 마주침도 되지 않았습니다. 저는 그때 큰 충격을 받았습니다. 아이를 잘 키우기 위해 유아교육을 전공하며 나름 애썼는데, 왜 이런 일이 생겼을까 자책하고 있을 때 둘째아이가 엄마와 함께하는 시간보다 디지털기기 앞에서 많은 시간을 보내고 있었음을 깨닫게 됐습니다. 그때부터 아이들이 자는 시간에 미디어 관련 책들을 보며 공부하기 시작했고, 왜 그런 문제행동이 나타났는지 어렴풋이나마 원인을 찾았습니다. 아이를 위해 TV를 없애고, 디지털기기 사용 시간을 최소화하며 아이와 시간을 많이 보내려고 노력했습니다. 아이는 눈 마주침도 좋아지고, 늦었던 언어도 어느새 또래 아이들과 비슷한 수준이 됐습니다. 놀이에 관심 없던 아이가 엄마와 놀기 시작했고, 책을 보며 호기심도 날마다 자랐습니다. 저는 그때의 경험을 통해 아이들은 좋지 않은 환경에 쉽게 영향을 받지만 회복력도 빠르다는 것을 알게 됐습니다.

많은 부모님들이 저처럼 시행착오를 겪지 않기를 바라는 마음으로 SNS에 놀이를 공유하면서 디지털기기의 유해성도 함께 공유했습니다. 부모님들이 디지털기기에 대한 막연히 아는 지식을 확실히 알기만 해도 아이가 디지털기기에 중독되지 않고, 목적과 필요에 따라 바르게 사용할 수 있습니다. 부모가 아는 만큼 적절한 지도와 제한을 두기 때문입니다.

아이들은 디지털기기의 강한 자극에 오랜 시간 노출되면 책보기, 만들기, 그림 그리기, 활동 놀이 등 적기에 필요한 놀이들이 밋밋하게 느껴져 하지 않으려고 합니다. 아이가 어릴수록 디지털기기의 노출은 최소화하고, 아이의 작은 손으로 직접 재료를 만지며 탐색할 수 있는 놀이를 하도록 도와주세요. 아이들의 몸과 마음이 건강하게 자라날 것입니다.

이 책이 부디 놀이의 중요성을 알고 아이와 놀이를 하려고 애쓰는 부모님들, 선생님들, 그리고 사랑스런 아이들에게 유용하게 사용되기를 바랍니다. 이 책에서 소개하는 놀이는 아이들이 좋아하는 놀이를 선별해 봄, 여름, 가을, 겨울, 4계절 내내 즐겁게 할 수 있는 놀이 총 다섯 개 파트로 구분해서 실었습니다. 아이들과의 놀이가 어렵고 준비하는 과정에 에너지가 많이 소비되지 않도록, 생활 속에서 쉽게 구할 수 있는 재료와 재활용품을 활용해 간단하게 만들 수 있는 놀이를 소개합니다. 또한 기존 놀이책과 달리 저희 아이들의 놀이를 관찰하다가 발견한 놀이와 아이들의 아이디어로 만들어진 새롭고 독특한 놀이들이 많이 소개됩니다. 새로운 놀이를 할 때 아이들은 호기심을 가지고 집중하며 놀이합니다. 처음에는 놀이책에 도움을 받으면서 내 아이가 좋아하는 놀이 위주로 놀다 보면 아이들이 더 창의적이고 재미있는 놀이를 만들기도 합니다. 놀이에 대한 정보를 많이 알아두면 상황에 맞게 아이와 할 수 있는 놀이들이 많아집니다. 놀이를 응용하며 아이가 좋아하는 맞춤놀이를 해 보세요. 언제든 편안하게 놀 수 있는 장소와 다양한 재료를 마련해 주어 아이가 마음껏 신나게 놀 수 있도록 놀이 환경을 만들어 주시기를 부탁드립니다.

빠르게 지나가는 시간, 우리 아이들에게도 마찬가지라는 사실을 잊지 마시고 그 시기만큼이라도 마음껏 놀 수 있도록 도와주시길 바랍니다.

• 감사의 글 •

언제나 힘내며 살 수 있게 넘치는 사랑을 주시는 시부모님,

어린아이처럼 투정 부려도 다 받아 주는 아빠, 원고작업으로 한창

바쁠 때 응원해 주며 세 아이를 돌봐 준 가족 모두에게 감사합니다.

나의 고민의 80% 이상을 해결해 주는 남편 하용님과 놀이 아이디어

제공자인 사랑스런 아이들 태영이, 민영이, 윤영이에게 사랑의 마음과

감사한 마음을 전합니다. 항상 '좋아요'와 따뜻한 댓글로 응원해

주시는 구독자님들께도 감사드립니다.

다시 원고작업을 해야 할 상황에서 포기할 수도 있었지만 책이 나올 수

있도록 설득하며 피드백해 주신 더디퍼런스 출판사 김주연 편집자님과

책을 낼 수 있는 기회를 주신 조상현 대표님께 감사합니다.

이제는 볼 수 없는 엄마이지만 아직도 엄마의 따뜻한 사랑이 느껴져

아련해집니다. 엄마의 사랑이 너무 컸기에 그 사랑을 영원히 잊을

수 없습니다. 고마운 나의 엄마 감사합니다. 당신의 딸로 태어나서
행복했습니다. 엄마 보고 싶습니다.

감사한 마음으로 살아갈 수 있도록 보내 주신 관심과 사랑 잊지
않겠습니다. 모든 분들에게 진심으로 감사합니다.

끊임 없이 내가 '어떤 사람으로 살아갈지'에 대한 고민을 하게 하시는
하나님께 감사합니다. 당신의 성품을 닮아 가며 따뜻한 마음을 품고
사랑을 흘려보내는 삶을 살아가겠습니다.
언제나 나의 삶을 이끄시는 하나님께 감사드리며…

♥ 사랑스러운 삼남매 엄마, 이지선

CONTENTS

Part 2

긴 하루 지루할 틈이 없는 창의놀이

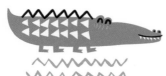

Part 5

사계절 내내
즐거운 놀이

자주 쓰는 재활용품

이 책에는 특히 재활용품을 활용한 놀이들이 많아요. 평상시 놀이에 적합한 재활용품이 생기면 씻어 말려서 상자나 서랍에 따로 보관해 두는 게 좋아요. 재활용품이 충분히 있으면 아이들의 놀이가 풍성해지고, 재활용품이 멋진 작품으로 탄생하는 것에 아이들은 더욱 흥미를 느낀답니다.

플라스틱 용기

페트병, 투명 컵, 요구르트병, 병뚜껑 등 플라스틱 용기는 다양한 모양, 크기, 색깔이 있어 활용할 수 있는 것들이 많아요. 페트병을 자를 때는 칼집을 넣어 자르면 쉽게 자를 수 있습니다.

스티로폼 용기

가볍고 재질이 부드러워 아이들의 놀이 재료로 유용합니다. 스티로폼을 잘라서 만들기 놀이, 구멍 뚫기 놀이, 탑 쌓기 등 간단한 놀이를 할 수 있어요.

휴지심지

생활 속에서 가장 쉽게 구할 수 있는 재활용품입니다. 원기둥 모양으로 안이 뚫려 있어 아이들에게 호기심을 자극할 수 있는 재료입니다. 다양하게 자르고 접어 모양의 변화를 쉽게 줄 수 있어요.

우유갑

우유갑으로도 다양한 놀이를 할 수 있어요. 딱딱한 재질이라 아이들이 자르기가 쉽지 않은 반면 견고한 놀잇감을 만들 수 있어요.

종이상자

택배상자, 비누상자, 선물상자 등 생활 속에서 나오는 종이상자를 가지고 아이들은 신나게 놀이합니다. 상자에 그림을 그리거나, 상자를 잘라서 자동차, 인형침대, 인형집, 비밀의 정원 등도 만들 수 있어요. 아이들이 들어갈 만한 큰 상자는 아늑한 공간이 되어 오랫동안 신나게 놀곤 합니다.

과일보호지

과일보호지를 조금만 변형시키면 다양한 놀잇감을 만들 수 있어요. 가벼워서 아이들이 놀기 좋고, 잘 접히고 구겨져서 인형옷, 꽃, 공, 꽃게 등 다양한 모양이 만들어져요. 과일보호지도 여러 모양이 있으니 특성을 살려 활용해요.

뽁뽁이 (에어캡)

물건을 보호하는 용도로 많이 사용되는 뽁뽁이는 택배가 왔을 때 자주 볼 수 있습니다. 아이의 손과 발로 터트리며 놀거나 물감을 묻혀 찍기 놀이 또는 옷, 모자, 신발 등 다양하게 만들어 활용할 수 있어요.

초

아이들 누구나 호기심을 가지고 좋아하는 놀이가 촛불놀이입니다. 초를 담아 두는 상자를 따로 마련해 보관해 놓아요. 초를 눕혀 보관하면 구부러지지 않고 찾기 쉬워 촛불놀이를 언제든지 할 수 있습니다.

신문지

신문지는 아이들이 마음껏 찢고 구기고 던지며 다양한 놀이를 할
수 있어요. 신문을 구독하지 않아 신문지가 없다면 분리수거하는
날 깨끗한 신문지를 가져와서 놀이에 활용해요. 놀이 후 아이들과
함께 다시 분리수거를 하면 좋은 경험이 됩니다.

자주 쓰는 재료

놀이에 자주 사용하는 재료들을 놀이상자를 만
들어 선반 위나 서랍 등 아이가 꺼내기 쉬운 곳
에 보관해 두면 아이가 원할 때마다 스스로
놀이를 찾아 할 수 있어요.

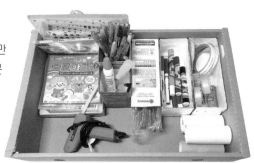

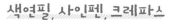

수채화물감, 포스터물감

대부분의 아이들은 물감 놀이를 좋아합니다. 수채화물감만이라도 항
상 비치해 두어 아이들이 마음껏 물감 놀이를 할 수 있도록 해 주세요.
아이가 어리다면 물감을 짜서 데칼코마니 놀이부터 시작해 봐요.

색연필, 사인펜, 크레파스

아이들이 그림을 그릴 때 가장 많이 사용하는 재료입니다. 테두리
를 그릴 때 사인펜을 활용하면 선을 선명하게 표현할 수 있어요. 색
칠할 때는 색연필이나 크레파스를 주로 사용합니다.

네임펜, 유성매직

사인펜으로 그릴 수 없는 비닐, OHP필름, 플라스틱 등에 그림을
그리거나 글씨를 쓸 때 사용합니다. 조금 섬세한 그림을 그릴 때는
네임펜으로, 색칠을 할 때는 유성매직을 활용하면 좋습니다.

스케치북, A4 복사용지, 도화지

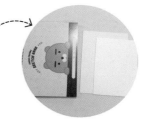

언제든 그림을 그릴 수 있게 스케치북, A4 복사용지, 도화지를 항상 준비
해요. 좋아하는 그림을 따라 그려도 좋고, 아이가 그리고 싶은 것을 마음껏
그리며 놀 수 있도록 해 주세요.

색종이

색종이는 없어서는 안 될 필수 재료죠. 색종이만으로도 아이들은
즐겁게 시간을 보낼 수 있어요. 종이접기 책을 활용하는 것도 좋은
방법입니다.

테이프, 양면테이프, 넓은 테이프

테이프는 그 자체만으로도 아이들에게 좋은 놀잇감이 됩니다. 용도에 맞게
사용할 수 있도록 테이프, 양면테이프, 넓은 테이프를 준비해요. 넓은 테이프
는 아이가 만든 종이 놀잇감에 코팅효과를 줄 때도 활용됩니다.

딱풀, 물풀, 목공풀

종이를 붙일 때 딱풀(고체)과 물풀(액체)을 사용하며 둘의 차이점을 비교해
봐요. 나무와 같은 자연물, 지점토 등을 붙일 때는 목공풀을 활용합니다. 목공
풀은 붙일 때는 흰색이지만 마르면서 투명색이 돼 아이들이 신기해 합니다.

글루건

전기로 열을 가해서 사용하는 도구이니만큼 각별한 주의가 필요합니다. 아이
가 어리다면 엄마만 사용하고, 다룰 수 있는 능력이 생겼을 때는 조심히 다루
도록 지도해요. 어떤 재료든 쉽게 잘 붙기 때문에 만들기 할 때 유용합니다.

가위

가위는 만들기를 할 때 빠질 수 없는 재료입니다. 아이가 어릴 때는 아이용 가위를 따로 준비해요. 색종이나 신문지를 실컷 오리면서 가위질 연습하는 시간을 가져 봐요. 소근육 발달에 도움이 된답니다.

칼 빵칼 놀이용 칼

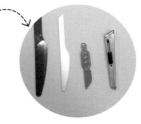

칼은 가위보다 힘을 더 주어 사용하기 때문에 어른이 도와줘야 해요. 호기심이 많은 아이들은 칼도 사용해 보고 싶어 하기 때문에 처음에는 놀이용 칼을 활용해 점토나 야채 자르기 놀이를 하고, 칼은 조심히 다루도록 지도해요.

송곳

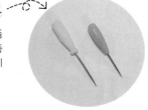

송곳은 의외로 활용도가 높습니다. 페트병 뚜껑, 플라스틱 용기, 스티로폼 용기, 종이 등을 뚫을 때 사용해요. 아이들은 구멍을 내며 놀이하는 것을 좋아합니다. 구멍을 만들면 새로운 놀이로 연결되는 것이 많습니다. 아이들이 뾰족한 송곳에 찔리지 않게 주의해서 다루도록 지도해요.

빨대

빨대를 다양한 색으로 준비해요. 환경을 생각한다면 사용한 빨대를 재활용하는 것도 좋은 방법입니다. 아이들은 빨대 자를 때 빨대가 튕겨져 나가는 모습만 봐도 재미있어 합니다.

풍선

집에 비치해 두면 좋은 재료 중 하나가 바로 풍선입니다. 풍선은 아이들에게 항상 인기가 많죠. 풍선 속에 비즈를 넣어 풍선마라카스를 만들고, 동전이나 동전 모양 자석을 넣으면 새로운 놀잇감이 됩니다.

지점토 찰흙 색점토

점토를 손으로 만지며 촉감을 느껴 보고 다양한 모양을 만들 수 있어요. 아이가 어리다면 어떤 모양을 만들기보다 촉감 놀이 후 모양틀로 찍기 놀이를 해요. 특성과 촉감이 각각 다른 점토를 몇 개 구입해 비교하며 놀 수 있도록 준비해요.

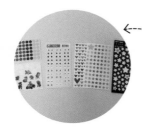

다양한 스티커

야광스티커, 반짝이스티커, 눈스티커 등 종류가 다양하게 있습니다. 아이들이 만든 놀잇감을 쉽고 간단하게 꾸밀 수 있어요.

눈알 장식

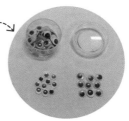

재미있는 눈 표현과 생동감 있는 놀잇감을 만들 때 사용합니다. 크기별로 구입해서 사용해요. 물활론적인 사고를 가진 어린아이들은 눈알 장식만 붙여도 친구를 만난 것처럼 좋아하고 재미있어 합니다.

비즈소품, 방울

액세서리를 만들기 위해 구입한 비즈소품이 있다면 놀이에 활용해요. 놀잇감을 비즈로 꾸밀 수도 있고, 소리를 낼 때 사용하기도 합니다. 투명한 케이스에 보관하면 쉽게 찾을 수 있습니다.

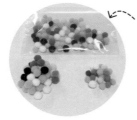

뽕뽕이

푹신푹신한 느낌의 작은 솜방울입니다. 크기와 색깔별로 다양하게 있어 아이들 놀잇감을 예쁘게 꾸밀 수 있고, 앞으로 튕겨져 나가는 폭죽 놀잇감을 만들 때 활용하면 좋아요.

줄, 털실

아이가 만든 놀잇감에 줄만 달아 줘도 색다른 놀잇감이 됩니다. 줄도 항상 비치해 두면 아이들이 다양한 놀잇감에 활용하며 놀이합니다. 실뜨기 놀이도 언제든 할 수 있고요.

모루, 빵끈

안쪽에 철사가 들어 있는 줄로 반짝이, 털 재질 등 다양하게 있습니다. 쉽게 구부려져서 아이들이 원하는 모양을 쉽게 만들 수 있어요. 잘라 낸 양쪽 끝부분 철사에 찔리지 않도록 조심히 사용해요.

Spring

Part1

봄

봄기운 만끽하는
알록달록 미술놀이

01 휴지심지 꽃 케이크

새 학년, 새 학기가 되면 아이는 긴장하면서도 설레는 마음으로 새로운 환경을 기대합니다. 새로운 환경에 적응해 나갈 아이에게 축하와 응원의 의미를 담아 케이크 만들기 놀이를 해 봐요. 아이와 도란도란 이야기를 나누면서 놀다 보면 새 학기를 어떻게 맞이하는지 아이의 마음을 알아가는 시간이 됩니다.

준비물

휴지심지 7개, 색연필,
가위, 풀, 초, 성냥 또는
라이터, 양면테이프, 테이프,
스케치북(또는 두꺼운 흰색 종이)

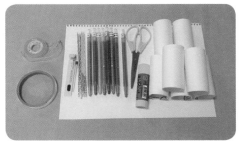

1 휴지심지 한 개를 중심으로 나머지 6개를
양면테이프로 붙여 동그란 모양으로
만들어요.

Tip 휴지심지가 흰색이 아닐 경우 A4용지를 휴지심지
크기에 맞게 잘라 붙여 사용해요.

2 휴지심지를 다 붙이면 꽃 모양처럼
만들어집니다.

3 스케치북 한 장을 반으로 접고 꽃 모양이 된
휴지심지 묶음을 반 정도만 걸쳐 올려놓아요.
휴지심지보다 2~3㎝ 정도 여유 있게(크게)
모양을 따라 그려요.

4 그린 모양을 따라 가위로 오려서 펼치면 꽃
모양이 돼요.

5 휴지심지와 4번 꽃 모양 종이에 케이크와 어울리는 그림을 그려 꾸며요.

6 휴지심지와 꽃 모양 종이를 테이프로 꼼꼼하게 붙여 연결해요.

Tip 휴지심지의 윗부분도 테이프로 붙이면 더 튼튼하게 만들 수 있어요.

7 붙어 있는 휴지심지 사이에 초를 꽂아요. 초에 불을 붙이면 새 학기 축하케이크 완성!

Tip 어두운 분위기에서 촛불 끄기 놀이를 해도 좋아요.

8 아이와 케이크를 만들면서 이야기를 나눠 봐요. 새 학년이 된 아이를 축하하며, 새로운 교실은 어떤지, 친구들과 즐겁게 생활했는지 등 이야기를 나눠요.

놀이장점 엄마와 함께 대화하며 놀면서 아이 안에 내재돼 있던 긴장감이 풀어집니다. 엄마의 사랑을 느끼며 자라는 아이는 자아존중감이 높아집니다.

★응용놀이★ 이렇게도 놀 수 있어요!

1

색연필꽂이로
활용해도 좋아요.

2

아이가 어리다면
색연필로 비슷한 색깔 또는
똑같은 색깔 꽂기 놀이를
해 봐요.

3

색깔 찾기 놀이도 할 수 있어요.
"노란색을 찾아볼까?, 노란색은
몇 개일까요?" 등 아이가 좋아하는
색깔 찾기 놀이를 해요.

02 팔랑팔랑 나비야 놀자

반가운 나비가 보이면 봄이 왔음을 느낄 수 있습니다. 아이는 나비를 쫓아다니며 나비를 반겨 주고, 나비는 아이들의 마음도 모르고 멀리멀리 달아나 버립니다. 멀어져만 가는 나비를 보며 아쉬워하는 아이를 위해 나비를 만들어 봐요. 아이 혼자서도 만들 수 있을 정도로 쉽고 재미있는 방법을 소개합니다.

준비물

키친타월, 주름빨대, 사인펜,
눈알 장식(눈알스티커),
양면테이프, 테이프

1 부엌에 흔히 있는 두루마리 키친타월 두 칸을
준비해요. 키친타월을 펴서 가운데 부분을
손으로 잡아 주름을 잡으면 나비 날개 모양이
만들어져요.

2 주름 빨대 2개를 테이프로 붙여 이어요.

3 빨대의 주름 부분을 위쪽으로 하고,
아랫부분에 키친타월을 테이프로 붙여요.

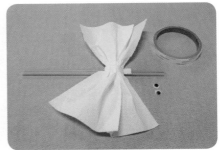

4 나비 모양 윗부분 빨대에 양면테이프를
이용해 눈알 장식을 붙여요.

Tip 눈알 장식은 스티커 형태로 된 것도 있어요.
스티커라면 양면테이프를 붙이지 않아도 됩니다.
눈알 장식이 없다면 흰 종이에 눈을 그려 붙여도
좋아요.

5 빨대의 주름 부분을 위로 올린 후 구부려서 더듬이를 표현해요.

6 키친타올에 여러 가지 색 사인펜을 콕콕 찍어 날개를 꾸며요.

7 알록달록 나비가 완성됐어요. 똑같은 방법으로 나비를 한 마리 더 만들어요.

8 나비야~나비야~ ♫♪ 노래를 부르며 놀고, 나비 날개를 팔랑팔랑 흔들며 아이와 마음껏 놀아요.

Tip 드라이기를 활용해 나비를 날려 보는 것도 재미있어요.

1

키친타월에 분무기로 물을 뿌려 염색 놀이를 해요. 나비를 더욱 예쁘게 만들 수 있어요.

Tip 사인펜의 번짐 현상을 관찰해 봐요.

2

햇볕이 잘 드는 곳에 1번을 말려요. 젖었던 나비가 어떻게 변하는지 관찰해 봐요.

 키친타월이 젖었다가 마르는 과정을 통해 형태의 변화와 물의 증발 현상을 경험할 수 있어요.

03 향기로운 꽃과 꽃병

키친타월로 염색 놀이를 한 후 아이가 만든 나비 놀잇감을 재활용해서 꽃을 만들어요.
아이가 만든 놀잇감이 어떻게 변하는지 탐색할 수 있는 좋은 기회가 돼요. 나비 놀잇감을
계속 갖고 싶어 한다면, 새롭게 키친타월 염색 놀이를 한 후 말려서 만들어도 좋습니다.

준비물

염색해서 말린 키친타월, 풀,
색연필, 가위, 파스텔, 스케치북

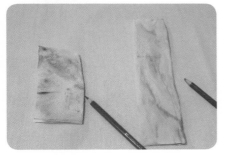

1 염색된 키친타월에 색연필을 이용해 꽃과 꽃병을 그려요. 키친타월을 반으로 접어서 그리면 더 쉽게 그릴 수 있어요.

> **Tip** 반으로 접어서 그리고 펼치면 대칭에 대해 자연스럽게 알 수 있어요.

2 반으로 접은 상태에서 그린 부분을 가위로 잘라요.

3 펼치면 꽃병과 꽃이 완성됩니다. 다양한 모양의 꽃을 여러 개 만들어요.

4 스케치북에 풀로 먼저 꽃병을 붙이고, 윗부분에 여러 모양의 꽃을 붙여요.

5 색연필로 줄기를 그려서 꽃병에 꽃이 꽂아
있는 느낌을 표현해요.

6 스케치북 빈 공간에 파스텔로 배경을
색칠해요.

Tip 파스텔을 활용해 은은하게 색을 표현하는 기법을
배워요.

7 직접 파스텔로 칠하지 않고,
키친타월에 파스텔을 묻혀서 칠해도
좋아요.

8 키친타월을 이용해 파스텔이
번지도록 문질러요. 왠지 은은한
꽃향기가 날 것만 같은 작품이
완성됩니다.

스케치북에 파스텔을 여러 곳에 칠해서
키친타월(또는 휴지)로 문질러요.

파스텔로 칠한 색깔과 연상되는 그림을
그리며 놀아요. (색깔 연상 놀이)

파스텔을 칠해 만들어진 형태(모양)와
연상되는 그림을 그리며 놀아요.
(모양 연상 놀이)

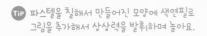

Tip 파스텔을 칠해서 만들어진 모양에 색연필로
그림을 추가해서 상상력을 발휘하며 놀아요.

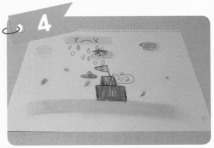

파스텔을 칠해 만든 여러 모양을 보고
그림을 추가하며 놀아요.
(자유 연상 놀이)

※ 아이는 학교와 여러 표정을 표현했어요.

04 알록달록 여러 모양의 우유갑 집

봄이 되면 집을 새 단장하고 싶다는 생각이 들어요. 집을 새 단장하려면 시간과 노력이 많이 들지만, 우유갑으로 여러 모양의 집을 만드는 건 쉽고 간단하게 할 수 있답니다. 아이들은 우유갑 집 안에 인형을 넣고 역할놀이를 하며 재미있게 상상놀이를 합니다. 물에 띄우면 배가 되고 바퀴를 달아 주면 자동차가 되고, 날개를 만들어 주면 비행기도 된답니다.

준비물

1,000ml 우유갑 3~4개, 가위, 풀, 테이프, 색종이

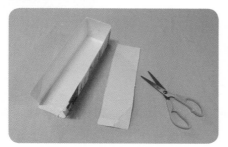

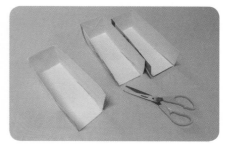

1 우유갑의 4면 중 한 면을 자릅니다. 똑같은 방법으로 3개를 준비해요.

♥엄마찬스♥ 모서리를 자를 때 아이가 어려워한다면 엄마가 도와주세요.

2 우유갑 위의 입구 부분은 잘라 내고, 모서리 부분은 양쪽을 같은 길이로 잘라요.

TiP 바닥부터 길이를 쟀을 때 8.5㎝ 정도 남기고 양쪽 모서리 부분을 잘랐어요. 더 길게 해도 좋고, 짧게 해도 됩니다.

3 자른 양쪽 부분을 아치 모양(반원형)을 만들어 겹쳐지는 부분에 테이프를 붙여요. 끝나는 부분에도 테이프를 붙여 튼튼하게 고정합니다.

4 (2번까지 똑같은 상태) 또 다른 우유갑으로 자른 양쪽 부분을 4.5㎝씩 접어요. 겹쳐서 테이프로 붙이면 세모 모양의 지붕이 됩니다.

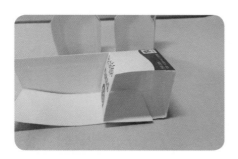

5 또 다른 우유갑으로 한 면은 7㎝ 접어(밑면 길이만큼) 안쪽으로 테이프를 붙여요.

6 다른 면은 둥근 아치 모양으로 반대쪽에 끌어 테이프를 붙이면 2층집이 완성됩니다.

7 뒷면의 남은 부분은 가위로 지붕 모양에 따라 오려요.

8 자른 부분을 테이프로 붙여 고정시켜요.

9 여러 모양의 집이 완성됐습니다.

 꾸미지 않고 이대로 가지고 놀아도 좋아요.

 놀이장점

아이가 똑같이 생긴 우유갑으로 여러 모양의 집을 만들면서 우유갑의 형태 변화를 다양하게 느낄 수 있어요.

10 우유갑 면이 보이지 않게 색종이를 잘라 붙여 꾸며요.

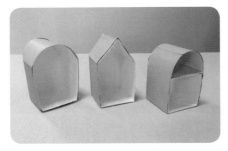

11 알록달록 예쁜 집이 완성됐어요.

12 아이가 인형을 가져와 인형 놀이를 합니다. 아이는 마음껏 즐거운 상상을 하며 놀아요.

★응용놀이11★ 문이 있는 집

1

문이 달린 집도 만들 수 있어요. 문으로 사용할 부분을 한쪽 모서리만 자르지 않고 다른 부분은 잘라 열리는 문을 만들어요.

2

인형을 가져와 아이와 마음껏 놀이합니다.

★응용놀이12★ 돛단배 만들기

1

색종이를 직삼각형으로 잘라 넓은 테이프로 앞뒷면 모두 붙여요. 테이프를 붙이면 물에 젖어도 찢어지지 않는 코팅 효과가 납니다.

2

빨대에 코팅한 색종이를 붙여 깃발을 만들어요. 깃발에 이름을 쓰거나 스티커를 붙여 꾸며도 좋아요.

3

우유갑 끝부분에 깃발을 붙여 배를 완성합니다.

4

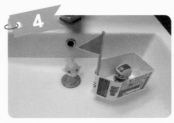

물에 띄워 물놀이 도구로 활용해요. 아이가 목욕할 때 활용해도 좋아요.

05 비밀의 정원

종이상자를 활용해 비밀의 정원을 만들었어요. 예쁜 꽃과 나무들로 둘러싸여 있는 비밀의 정원에서 아이만의 특별한 놀이가 시작됩니다. 어떤 비밀 놀이를 할지 기대하며 아이와 함께 만들어 봐요. 평소에 적당한 크기의 택배상자가 있다면 버리지 말고 놀이로 활용하면 좋아요.

준비물

종이상자, 빨대, 색종이, 테이프,
풀, 가위, 칼, 크레파스 또는
색연필

1 종이상자의 윗부분을 가위로 잘라요.

♥엄마찬스♥ 두꺼운 상자를 사용한다면 자르는 건
엄마가 도와주세요.

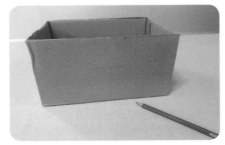

2 상자 앞부분에 알파벳 대문자 I 모양을
그려요.

3 그린 부분을 칼로 잘라 문을 만들어요. 칼을
사용할 때는 항상 안전에 주의합니다.

♥엄마찬스♥ 칼을 사용하는 건 위험할 수 있으니
엄마가 해 주세요. 아이가 해 보고 싶어 한다면 아이
손을 잡고 조심히 사용할 수 있게 지도해 주세요.

4 색종이를 반으로 접어 다양한 나무 그림을
그려요.

TiP 꽃 모양을 만들어도 예쁘게 꾸밀 수 있습니다.

5 색종이가 접힌 상태에서 그려진 부분을
가위로 자르면 같은 모양의 나무가 2장
만들어집니다.

6 한 장에는 빨대를 테이프로 붙이고, 풀을 칠한 다음 다른 한 장의 색종이를 위에 붙여요.(빨대 일부분은 속으로 들어가 있는 상태)

7 여러 개를 같은 방법으로 만들어요. 나무에 색연필로 열매를 그려 넣어요.

8 빨대를 사선으로 잘라 뾰족하게 만들어 상자 윗부분 골판지 사이에 끼워요.

Tip 빨대가 길면 가위로 잘라서 사용해요.

9 나무로 둘러싸여 있는 비밀의 정원이 완성됩니다.

10 비밀의 정원인 만큼 색종이로 여러 가지 모양을 만들어 상자 속에 넣어요. 자투리 색종이를 활용해도 좋아요.

1

잘라 낸 상자에 사람, 식물 등 아이가 그리고 싶은 그림을 그려요.
아이의 그림을 가위로 오리면 종이 놀잇감이 됩니다.

2

비밀의 정원에서 종이인형 놀이를 하며 놀아요. 상자에
붙여 꾸며 줘도 좋아요. (38p 사진 참고)

06 파프리카 새싹 키우기

파프리카 씨앗을 키친타월에 올려놓고 날마다 물을 주면 어떤 일이 생길까요? 파프리카 씨 앗이 발아돼 새싹이 돋아나며 식물로 성장하는 과정을 지켜볼 수 있습니다. 자연스럽게 식 물이 성장하는 과정과 식물이 자라기 위해 필요한 조건을 터득할 수 있어요. 아이들은 이런 과정을 지켜보면서 신비로워 합니다. 아이와 함께 작은 생명의 꿈틀거림을 느껴 봐요.

🍎 준비물

파프리카, 플라스틱 용기,
분무기, 키친타월

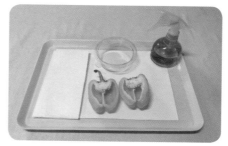

1 파프리카를 반으로 잘라요. 아이가 씨앗의 촉감을 느껴 보고, 냄새도 맡아 보며 관찰할 수 있는 시간을 가져요.

> **Tip** 파프리카를 자를 때 플라스틱 빵칼을 활용하면 안전하게 자를 수 있어요.

2 종이를 바닥에 깔고 파프리카 씨앗을 빼서 분리시켜 줍니다.

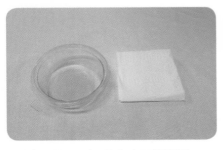

3 키친타월을 플라스틱 용기 크기에 맞게 접어요.

4 키친타월에 분무기로 물을 뿌려 적셔 줍니다.

5 젖은 키친타월을 플라스틱 용기에 넣어요.

6 파프리카 씨앗을 키친타월에 골고루 뿌려 줍니다.

7 분무기를 이용해 씨앗에 물을 뿌려요.

8 햇볕이 잘 드는 곳에 두고, 하루에 한두 번씩 분무기를 이용해 물을 줘요.

9 7~10일 후 씨앗에서 발아돼 뿌리가 올라오듯 자라납니다.

 물과 산소, 온도, 빛 등 환경 조건에 따라 발아되는 시기는 다를 수 있습니다.

10 새싹이 점점 더 크게 돋아나는 걸 볼 수 있어요.

💙놀이장점
작은 생명을 돌보면서 생명의 소중함
을 배울 수 있어요.

★응용놀이★ 이렇게도 놀 수 있어요!

1

아이클레이 통에 흙을 넣고
완두콩 여러 개를 심어 봐요.
새싹이 돋아나는 속도가
씨앗마다 달라요.

Tip 수박, 참외 씨 등 다른 씨앗을 심어도 좋아요.

2

마트나 꽃집에서 꽃씨를 사서
심어 봐요.

Tip 아이스크림 상자(스티로폼 아이스박스)
밑면을 송곳으로 구멍을 뚫어 화분으로
활용할 수 있어요.

3

싹이 나고 잎과 줄기가 자라서
예쁜 꽃이 피었어요.

07 세모난 신문지 나라

신문지와 의자를 활용해 재미난 세모 공간을 만들어 봐요. 인형을 가지고 와서 놀거나 세모 공간으로 공을 던지며 놀고, 엎드려 작은 문을 통과하며 놀이합니다. 공간 놀이는 아이의 내면에 쌓였던 긴장감을 풀고 스트레스를 해소할 수 있는 좋은 놀이입니다. 아이도 모르는 사이에 긴장감이 쌓이는 새 학기나 환경에 변화가 생겼을 때 놀이해 봐요.

🍎 준비물

신문지 여러 장, 가위,
넓은 테이프

1 일정한 간격으로 세모 모양을 만들 수 있게 책상과 의자를 배치합니다.

Tip 책상과 의자가 아니어도 공간을 만들 수 있는 식탁, 선반 등에 붙여도 좋아요. 식탁 밑의 공간을 활용해도 좋습니다.

2 책상과 의자 사이에 넓은 테이프를 길게 붙여요. 테이프의 접착제 면이 안쪽 방향으로 오게 붙여요.

3 넓은 테이프를 책상과 의자에 이어 붙이면 세모 모양이 됩니다.

4 신문지가 접힌 부분 쪽으로 1/4면을 잘라서 문을 만들어요. 문을 붙일 때는 신문지를 펼쳐서 붙어요.

5 신문지를 테이프에 붙여 가며 세모 공간을 만들어요.

Tip 신문지를 붙일 때 신문지의 끝부분은 5cm 정도 겹쳐지게 붙여요.

6 신문지를 붙이고, 나머지 끝부분은 남은 공간만큼 신문지를 잘라 사용해요.

7 테이프에 신문지를 다 붙이면 아이만의 포근한 '신문지 세모나라' 완성!

🅣🅘🅟 의자가 가벼워 중심을 잡지 못하면 책을 여러 권 올려놓고 흔들리지 않게 해 줘요.

8 문을 기어서 통과하며 아이가 마음껏 놀게 해 줘요.

9 신문지에 있는 그림이나 글을 보며 놀기도 해요.

10 볼풍공이나 인형을 활용해 놀이해요. 아이가 좋아하는 책을 보며 놀 수도 있어요.

🅣🅘🅟 포근한 느낌이 들 수 있게 이불을 깔아 줘도 좋아요.

신문지에 세모, 하트, 마름모 모양 등 여러 모양을 가위로 잘라 만들어 벽이나 보드칠판에 붙여요.

마음껏 그림을 그리며 놀아요. 아이의 그림에 신문지로 만든 모양과 같은 모양이 숨어 있네요.

신문지를 손으로 마구 찢고, 구기고, 날리면서 놀아요.

놀이장점
신문지를 활용한 놀이는 스트레스 해소는 물론 신체 발달, 창의력 향상에 도움을 줍니다.

놀이가 끝나면 신문지 모으기 놀이를 하면서 정리합니다. 이렇게 놀다 보면 정리하는 습관도 기를 수 있어요.

08 공 붙여 그림 그리기

때로는 넓은 하얀 전지를 펼쳐 마음껏 그림을 그리게 해 줘요. 하얀 전지에 아이가 좋아하는 공이 붙어 있다면 어떤 느낌일까요? 그 위에 그림을 그린다면 아이는 어떤 그림을 그릴까요? 아이마다 다른 그림이 완성되겠죠. 아이만의 독특한 그림을 그릴 수 있도록 기회를 제공해 줘요.

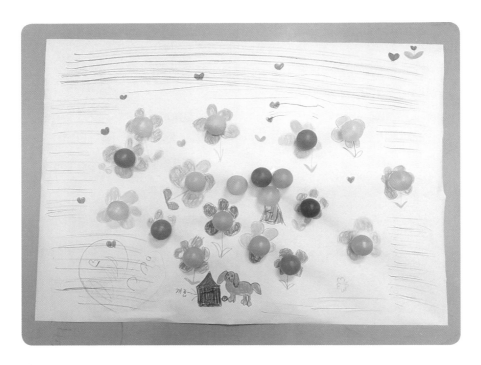

🍎 준비물

전지, 색연필 또는 크레파스,
양면테이프, 장난감 공(볼풀공),
테이프

50

1 전지에 양면테이프를 여러 곳에 붙이고 덮여 있는 종이를 떼서 접착제가 있는
상태로 만들어요.

2 볼풀공을 양면테이프가 붙어 있는 곳에
붙여요.

TiP 볼풀공이 없다면 작은 모양 장난감을 붙여도 좋아요.

3 볼풀공이 붙어 있는 전지에 색연필이나
크레파스로 마음껏 그림을 그려요.

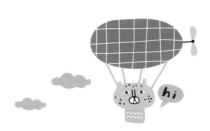

4 아이만의 공 꽃밭 그림이 완성됐습니다.

5 완성된 그림을 벽이나 보드칠판에 붙인 후 더 그려 넣어도 좋아요.

 놀이장점 보드칠판에 붙여 그리면 색다른 재미를 줍니다.

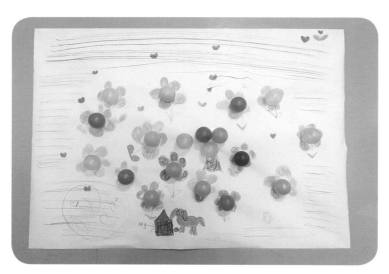

6 아이만의 그림이 완성되면 함께 감상합니다.

Tip 부모님은 아이의 그림을 감상하며 잘한 부분을 칭찬해 주고 격려의 말을 해 줘요.

★응용놀이★ 이렇게도 놀 수 있어요!

1

작은 곤충 장난감이나 인형
등을 가져와 붙이며 놀아요.
더 재미난 상상놀이가
시작됩니다. 공을 '떼었다
붙였다' 하며 놀아도 좋아요.

2

아이가 큰 공을 가져와 붙여 봅니다. 큰 공이 붙은 모습을 보면서
환한 미소를 보입니다. 아이는 큰 공을 가져오면서 '이것도 붙을까?'
생각하며 호기심을 가졌을 거예요. 무엇이든 붙여 보도록 허용해
주세요.

09 폴짝 올챙이 점프

휴지심지를 활용해 작고 귀여운 올챙이를 만들 수 있어요. 손가락으로 튕겨 올챙이 점프 놀이를 하며 경주도 해 봐요. 형제들과 함께 놀아도 좋고, 친구들이 집에 놀러 온 날 함께 만들어도 재미있는 놀이가 돼요. 올챙이 한 마리 뚝딱 만들어 볼까요?

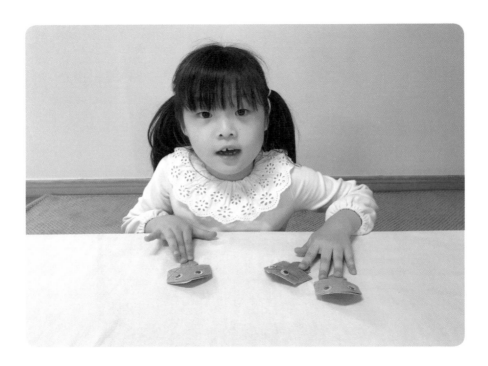

🐰 준비물

휴지심지, 색연필, 가위,
눈알 장식, 양면테이프

1 휴지심지를 납작하게 눌러 접고 색연필로
  올챙이를 그려요.

2 올챙이 그림을 따라 가위로 오려요.

3 같은 방법으로 올챙이를 여러 마리 만들어요.

4 올챙이 느낌이 나도록 휴지심지를 색칠해
  줘요. (색칠은 생략해도 좋아요.)

5 윗부분에 눈알 장식을 양면테이프로 붙여요.

6 휴지심지 가운데 부분이 위로 올라오도록 손으로 모양을 잡아 줘요. 점프 준비를 마친 올챙이 완성!

(Tip) 가운데 부분은 올려 주고, 양쪽은 아래로 내려 입체감 있게 만들어요.

7 올챙이 꼬리를 손가락으로 눌러 점프 놀이를 합니다.

8 손가락으로 튕겨 앞으로 슝~ 올챙이 경주 놀이를 해도 좋아요.

놀이장점

아이 발달 수준에 맞게 게임 규칙을 정해요. 규칙의 개념에 대해 배울 수 있어요. 아이가 스스로 놀이법을 만들어 놀게 하면 창의력이 발달돼요.

★응용놀이1★ 물고기 만들기

올챙이와 같은 모양이지만 물고기
비늘을 그리면 물고기가 만들어져요.

같은 방법으로 여러 개 만들어 각각 물고기
이름을 정해서 역할놀이를 해요.

★응용놀이2★ 왕관 만들기

잘라 낸 휴지심지 자투리를 활용해 인형
왕관과 갑옷을 만들어요. 색연필이나
스티커를 활용해서 꾸며요.

Tip 잘라 낸 모양 그대로 사용해도 좋고 인형 크기에
맞게 잘라서 사용해도 돼요.

인형에 왕관과 갑옷을 입혀 멋지게 꾸며
봐요.

10 파릇파릇 봄나무

앙상했던 나무에서 파릇파릇 새잎들이 돋아나는 봄. 봄을 알리는 작은 잎들이 반갑게 느껴집니다. 작은 잎을 관찰하고 아이와 스티커를 활용해 간단하게 봄나무를 표현해 봐요. 생명력이 느껴지는 작은 잎이 빛처럼 사랑스럽게 다가옵니다. 아이가 어리다면 주제와 상관없이 스티커를 붙이고, 아이가 원하는 그림을 그리며 놀이해도 좋습니다.

 준비물

스티커, 스케치북, 색연필

58

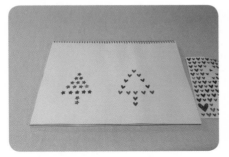

1 스케치북에 스티커를 붙여 나무를 만들어요.

Tip 스티커가 없다면, 별과 하트 모양을 그려 나무를 표현해요.

2 스티커를 붙이고, 빈 공간에 색연필로 그리며 아이가 느끼는 봄을 그려 봅니다.

놀이장점 스티커를 떼서 원하는 모양으로 붙이면서 손과 눈의 협응력과 집중력을 키울 수 있어요.

3 빛처럼, 사랑처럼 다가오는 봄나무가 완성됐어요! 색연필로만 그리는 그림과 또 다른 느낌이에요.

★응용놀이1★ 상상 그림 그리기

스티커를 다 사용하고 남은 부분을 떼어
스케치북에 붙여요.

Tip 통째로 붙여도 좋고, 가위로 잘라 원하는 부분만
사용해도 좋아요.

스티커를 떼어 비어 있는 부분에 아이가
그리고 싶은 그림을 그리며 놀아요.

엄마가 아이에게 어떤 그림을 그렸는지
물어보며 이야기를 나눕니다.

아이의 재미있는 상상력을 함께 감상하며
이야기를 나눠 봐요.

 아이는 상상력을 동원해 그리며
놀이에 집중합니다.

★응용놀이2★ 그림 스티커 만들기

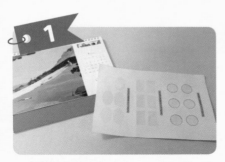

1

스티커를 다 사용하고 남은 부분을 활용할 수 있는 또 다른 방법이에요.

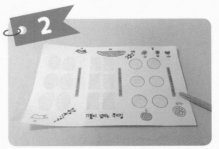

2

그림을 그릴 수 있는 공간에 아이가 원하는 그림을 그려요.

TiP 달력이나 책에 붙일 계획이라면 관련된 그림을 그려요.

3

그림을 가위로 오리면 아이가 직접 만든 스티커가 완성돼요.

4

그림을 떼서 붙이고 싶은 곳에 붙이며 놀아요.

11 풍선 연결 놀이

풍선은 언제나 아이들에게 인기 많은 놀잇감입니다. 흐물흐물한 풍선을 후~ 불면 금방 하늘을 날아오를 것처럼 부풀어 오릅니다. 아이들은 그 모습을 보면서 신기해 하죠. 여러 개의 풍선을 양면테이프로 붙여 길게 만들어 놓았을 뿐인데 아이는 웃음이 떠나질 않습니다. 마치 아이가 예술가가 돼 예술 활동을 하는 듯 감탄하게 됩니다.

준비물

풍선(여러 개), 접착성 좋은
양면테이프, 넓은 테이프

1 풍선을 불어요. 6~7세 이후의 아이는 스스로
풍선을 불 수 있도록 도와주세요.

Tip 아이가 풍선 불기를 힘들어한다면, 엄마가 풍선을
불었다가 바람을 살짝 빼서 그 풍선을 아이가
불게 해요.(그렇게 몇 번 하다 보면 아이는 힘을
조절하며 스스로 불게 됩니다.)

2 풍선을 불어 묶어 줍니다. 다양한 색으로
준비하면 더 알록달록 예쁘게 만들 수 있어요.

♥ 엄마찬스 ♥ 풍선 묶는 건 엄마가 도와주세요.

3 풍선 윗부분에 접착성이 좋은 양면테이프를
붙여요.

4 풍선의 입구 부분과 붙여 연결시켜요.

5 같은 방법으로 여러 개의 풍선을
양면테이프로 붙여 길게 만들어요.

6 풍선을 잡고 위로 올려 빙글빙글 돌며 놀아요.

7 풍선을 돌리며 춤을 추듯 놀아요.

8 누워서 풍선을 손과 발로 이동시키며 놀아요.

9 풍선을 다리 사이로 통과시키며 다양한 동작으로 놀아요.

10 풍선으로 동그란 모양을 만들어 봐요.

 풍선 놀이는 아이들의 상상력을 자극시키며 놀이를 통해 스트레스를 해소하고, 신체 발달에도 도움을 줍니다.

★응용놀이1★ 축구 놀이

연결된 풍선을 넓은 테이프로 벽면에
붙이면 축구 골대가 완성됩니다.

골대에 공을 차면서 골인 놀이를 해요.

★응용놀이2★ 정전기를 활용해 풍선 붙이기

풍선을 천장에 문지르면 정전기로 인해
풍선이 붙어요.

천장에 붙은 풍선을 보며 아이는 신기해
합니다. 공이나 다른 풍선을 던져
떨어트리기 놀이를 해도 좋아요.

Tip 2층 침대 위에서 하거나 엄마의 도움을
받아 의자에 올라가서 해도 좋아요.

 놀이장점 머물러 있는 정전기에 대해 알 수 있어요. 풍선을 머리카락에 비벼 봐요.

12

풍선마라카스(풍선 소리 놀이)

풍선으로 간단하게 할 수 있는 소리 놀이를 소개합니다. 풍선 속에 비즈, 방울, 자석 등을
넣으면 새로운 소리를 풍성하게 들을 수 있어요. 비즈나 방울은 아이들이 교육기관(어린
이집, 유치원 등)에서 만든 작품들을 버리기 전에 한곳에 모았다가 재활용하면 좋아요.

🍎 준비물

풍선 2~3개, 비즈(여러 개), 방울

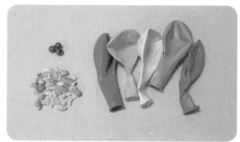

1 풍선 입구에 비즈 여러 개와 방울 한 개를
  넣어요.

2 풍선을 불어 묶고, 같은 방법으로 한 개 더
  만들어요.

3 마음껏 풍선을 흔들며 신나게
  놀아요.

4 풍선을 흔들 때마다 재미난
  소리가 나요. 아이에게 어떤
  소리가 나는지 물어보니
  천둥소리가 난다고 하네요.

 놀이장점 아이는 풍선 속에서 어떤 소리가 어떻게 나는지 귀 기울이며 미세한 소리도 찾아 이야기
해 줍니다. 이런 놀이 경험은 청력 발달에 도움을 주고 소리 감각을 길러 줍니다.

풍선과 동전 모양(둥근 자석) 자석을
준비해요.

풍선에 자석을 넣은 후 불어서 묶어 줘요.

풍선을 돌리며 흔들어 봐요. 자석이 바퀴가
돌아가는 것처럼 풍선 속에서 돌아갑니다.
재미난 소리도 들려요.

풍선 속 자석을 관찰해 봐요.

자석에 붙는 놀잇감이 있으면 풍선 속
자석이 위치한 곳에 붙는지 실험해 봐요.

Tip 다른 자석을 풍선 속에 있는 자석과 붙여 봐요.

6

풍선을 바닥으로 던져 보면 자석 때문에
중심을 잡지 못하고 이리저리 통통거리며
움직이는 풍선이 새로운 재미를 줍니다.

★응용놀이12★ 풍선 바람 이용하기

1

2

풍선을 불은 상태에서 묶지 않고
바람이 빠지지 않게 입구를 손으로 잡아
호루라기를 끼워요.

♥엄마찬스♥ 호루라기를 끼울 때는 엄마가
도와주세요.

풍선에서 바람이 빠질 수 있게 잡고 있던
손을 조금씩 풀어 줘요.

Tip 풍선을 꽉 잡지 않으면 풍선과 호루라기가
분리되면서 날아갑니다. 그 모습을 보면서도
깔깔거리며 웃는 아이. 호루라기가 없다면
풍선을 크게 불었다가 공중에 띄워 봐요.
제멋대로 날아가는 풍선을 잡아 봐요.

❤놀이장점 풍선 속에 채워진 공기(바람)를 느끼고 공기의 이동을 알 수 있어요.

부활절 십자가와 달걀 장식

종교가 있는 가정이라면 부활절에 특별한 놀이를 할 수 있어요. 하루는 아이가 위인전에 소개된 예수님에 대한 책을 읽고는, 예수님의 십자가가 너무 마음이 아프다고 이야기합니다. 부활절에 아이와 책을 읽으며 예수님에 대해 알아가는 것도 좋고, 십자가를 만들거나 부활절 달걀 장식을 만들며 예수님의 십자가 사랑에 대해 이야기하는 것도 좋습니다. 부활절에 할 수 있는 특별한 놀이를 하며 뜻깊은 시간을 가져 봐요.

준비물

플라스틱 통(요플레통), 색연필,
색종이, 눈알 장식, 테이프, 풀

1 색종이를 마름모 모양으로 바닥에 두고, 그 위에 플라스틱 통을 올려놓아요.

2 플라스틱 통을 색종이로 감싸 붙여 줍니다. 뒷부분은 붙이지 않고 꼬리로 사용할 거예요.

3 붙이지 않은 뒷부분은 가위로 잘라 구부려 주면 꼬리 부분의 깃털이 표현돼요.

4 색종이로 날개, 머리 부분을 그리고 오려 줍니다. 눈알 장식을 붙이고 색연필로 날개와 입을 그려요.

5 색종이를 감싼 플라스틱 통에 날개와 머리를 붙이면 달걀 바구니 완성!

TiP 날개 끝부분을 살짝 접고 접힌 부분에 풀칠을 해서 붙여요.

6 달걀을 담아 이웃과 친구에게 나눠 줘요.

1 달걀을 키친타월 위에 올려놓아요.

2 키친타월로 달걀을 감싸 실로 묶어요.

♥ 엄마찬스 ♥ 실로 묶는 걸 어려워한다면 엄마가 도와주세요.

3 묶고 남은 실을 가위로 잘라요.

4 달걀을 같은 방법으로 여러 개 꾸미며 포장해요.

5 색종이를 하트 모양으로 자른 후 양면테이프로 붙여요.

6 5번에 달걀 장식을 가지고 십자가 모양을 만들어 봐요.

★응용놀이 2★ 달걀판으로 십자가 만들기

1 달걀판을 십자가 모양이 나오게 잘라요.

♥엄마찬스♥ 달걀판은 아이가 자르기 쉽지 않으니 엄마가 잘라 주세요.

2 가위로 자르기만 하면 십자가 모양이 금방 만들어집니다. 가로 3칸, 세로 4칸을 사용하면 돼요.

3 뒤집어 6면을 빨간 색연필로 색칠해요.

4 십자가가 완성됐어요.

Tip 아이와 부활절에 대해 이야기를 나눠 봐요.

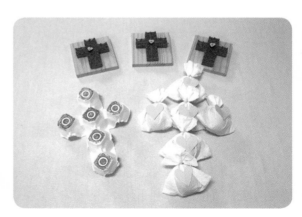

Summer

Part 2

여름

긴 하루 지루할 틈이 없는
창의놀이

01 거미가 줄을 타고 올라갑니다

'거미가 줄을 타고 올라갑니다~ ♪♪♪' 이 노래는 아이들이 즐겨 부르는 동요입니다. 우유 병뚜껑을 이용해 동요를 부르며 놀 수 있는 거미를 만들어 봐요. 두 마리의 거미를 만들어 한 마리는 올라갈 때, 다른 한 마리는 내려갈 때 사용해요. 산책 길에서 거미를 만난다면 아이는 놀이 경험을 떠올리며 더욱 호기심을 가지고 관찰할 거예요.

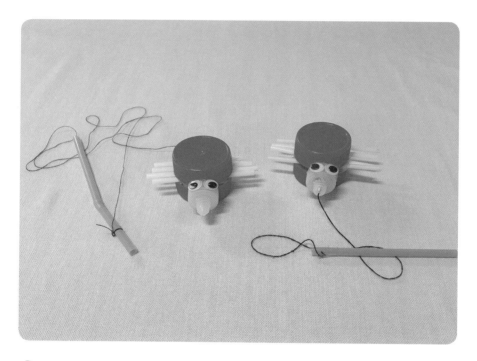

🍎 준비물

가위, 플라스틱 병뚜껑 4개, 약병 입구, 눈알 장식, 빨대, 글루건, 실

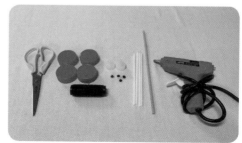

1 빨대를 병뚜껑보다 2cm 정도 크게 잘라요.
자른 빨대 4개가 필요합니다.

♥ 엄마찬스 ♥ 사용할 빨대 크기를 알려 줘요.

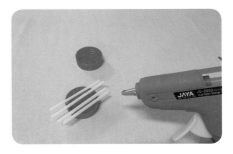

2 병뚜껑에 4개의 빨대를 나란히 올려놓고
글루건으로 붙여요.

♥ 엄마찬스 ♥ 글루건 사용은 항상 조심해야 해요. 어린
아이라면 엄마가 해 주고, 5세 이상이라면 조금이라도
사용해 볼 수 있게 도와주세요.

3 또 다른 병뚜껑을 빨대 위에 맞대어 덮어
글루건으로 붙여요.

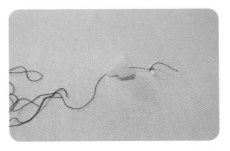

4 실을 약병 입구에 끼우고, 실이 빠지지 않도록
빨대를 작게 잘라 묶어요.

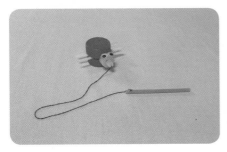

5 약병 입구를 우유병 뚜껑에 붙여요. 약병 입구
에는 눈알 장식을 붙이고, 실 끝부분에는 빨대
를 붙여 손잡이를 만들어요.(실이 앞쪽에)

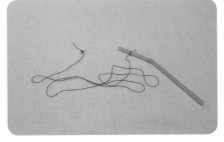

6 작은 크기의 빨대와 손잡이용 빨대를
준비합니다. 두 빨대를 실로 묶어 연결합니다.

7 약병 입구에 눈알 장식을 붙입니다.

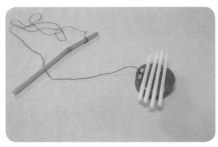

8 앞의 1, 2번과 같은 방법으로 만들고, 작은 빨대를 병뚜껑 안쪽에 놓습니다.

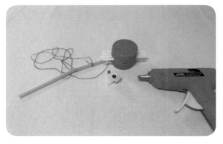

9 글루건으로 병뚜껑을 맞대어 붙이고, 약병 입구를 붙여 얼굴을 만들어요.

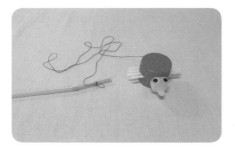

10 뒤에서 실을 뽑는 거미 완성.(실이 뒷쪽에)

Tip 한 마리는 아이의 재미를 위해 앞쪽에 실을 연결(거미가 줄을 타고 올라갑니다-이 부분에서 활용), 한 마리는 뒷쪽에 실을 연결한(거미가 줄을 타고 내려갑니다.-이 부분에서 활용) 거미를 만들어요.

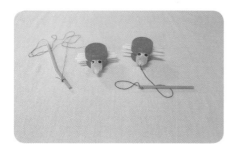

11 거미 두 마리가 완성됐어요.

12 거미는 왜 거미줄을 만드는지 이야기하며 놀아요.

 ① 동요를 들으면서 또는 부르면서 놀이할 수 있어요. 놀이를 통해 음악적 경험을 즐겁게 할 수 있어요.

② 거미줄에 대해 알 수 있어요. 아이에게 거미는 엉덩이에 있는 실샘에서 줄을 쭉쭉 뽑는다고 이야기해 주면 흥미로워하며 재미있어 합니다.

★응용놀이★ 거미줄놀이

검은 도화지에 흰색 색연필로 거미줄을
그려요.

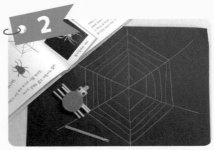

아이가 좋아하는 그림책 중에 거미 그림이나
거미와 관련된 책을 함께 보면 더욱 흥미를
가지고 놀 수 있어요.

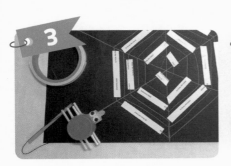

양면테이프를 거미줄 그림에 붙여요.

양면테이프를 떼는 것도 아이에게는 훌륭한
놀이가 됩니다.

Tip 처음에는 양면테이프를 잘 떼지 못합니다.
끝부분을 살짝 떼서 올려 주고 그 부분을 잡고
아이 스스로 뗄 수 있도록 도와주세요.

거미를 떼었다 붙였다 하며 놀아요.

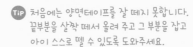

놀이장점

양면테이프에 붙어 있는 종이를 떼면서 소근육이 발달되
며 아이 스스로 해 냈다는 성취감을 느낄 수 있어요.

79

02 물 뿜는 물고기

여름에는 물놀이만한 놀이가 없죠! 수영도 좋고, 분수 놀이도 좋지만 집에서 간단하게 놀 수 있는 물을 뿜는 물고기를 만들어 봐요. 간단하게 만든 놀잇감이지만 아이에게는 최고의 물총이 되어 엄마에게 물총을 쏘며 신나게 놀이합니다. 물고기의 등 부분을 뚫어 주면 물을 뿜는 고래가 된답니다. 더운 여름 아이들을 위해 물고기 물총을 만들어 봐요.

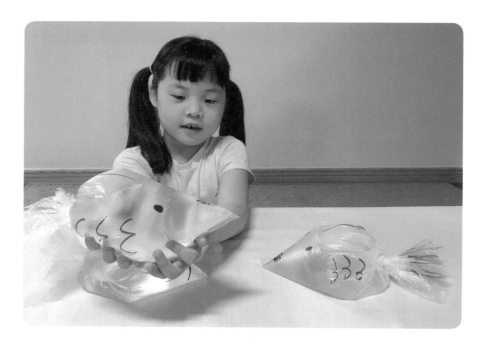

🍎 준비물

물을 담은 비닐봉지, 유성매직,
송곳, 가위

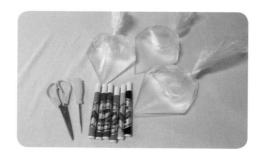

1 비닐봉지에 물을 넣고 한쪽 모서리로 기울인 다음 묶어요.

♥엄마찬스♥ 아이가 물을 넣은 비닐봉지를 묶는 건 쉽지 않아요. 묶는 건 엄마가 도와주세요.

2 물이 담긴 비닐봉지에 유성매직으로 눈, 비늘, 지느러미를 그려요.

3 비닐의 끝부분을 잘라 물고기 꼬리를 만들어요.

4 같은 방법으로 여러 마리의 물고기를 만들어요.

5 완성된 물고기를 가지고 마음껏 놀이해요.

6 입 부분을 송곳으로 뚫어요.

TIP 이 놀이를 할 때는 화장실이나 마당, 베란다로 이동해서 놀이해요.

7 물고기를 손으로 꾹 누르면서 물을 뿜는 물고기 놀이를 합니다.

8 송곳으로 윗부분을 뚫어 고래를 표현하며 물놀이를 해 봐요.

 놀이장점 목욕하기 싫어하는 아이에게 좋은 놀잇감이 돼요.

★응용놀이★ 물 뿜는 문어

비닐장갑에 네임펜으로 문어의 특징을
살려 큰 머리와 빨판을 그려요.

물을 넣고 손목 부분을 고무줄로 묶어요.

송곳으로 문어의 앞부분을 뚫어요.

비닐장갑을 손으로 누르며 물을 뿜는
문어 놀이를 합니다.

03 귀여운 꼬마유령

여름에는 특히 귀신놀이, 유령놀이를 즐겨 하는데요. 오싹한 기분을 느끼며 더위를 날리는 하나의 피서법이라고 할 수 있어요. 하지만 이번에 만들 유령은 무섭다기보다 귀여운 꼬마유령이에요. 끈을 달아 하늘을 나는 유령놀이를 하거나 꼬마유령을 손가락에 끼워서 놀 수 있어요. 다른 장난감 옆에 놓으며 아이에게 '꼬마유령이 장난감 친구들과 즐겁게 놀겠지?' 하며 아이의 상상력을 자극시키는 이야기를 해 봐요.

 준비물

비닐장갑, 가위, 네임펜, 물티슈

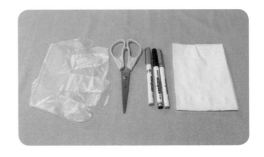

84

1 비닐장갑의 손가락 끼우는 부분을 가위로
잘라요.

2 자른 손가락 부분에 양쪽을 살짝 잘라 구멍을
만들어요.

3 네임펜으로 눈과 입을 다양한 표정으로
그려요.

4 물티슈의 가운데를 중심으로 비닐장갑에
끼워요. 물티슈는 작은 사이즈를 사용해요.

5 양쪽 구멍으로 물티슈를 살짝 빼서
유령 팔을 만들어요.

6 꼬마유령이 완성됐어요. 같은 방법으로 여러 개 만들어요. 밑부분의 남은 물티슈를
안으로 밀어 넣으면 유령을 세울 수 있어요.

놀이장점 집에 있는 생활용품으로 간단하게 만들 수 있어요. 이런 놀이들을 많이 알아 두면
아이와 소소한 행복을 느끼며 즐거운 시간을 보낼 수 있어요.

★응용놀이1★ 하늘을 나는 유령

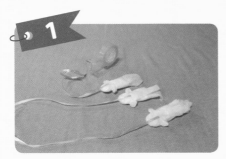 

1 유령 머리 뒷부분에 끈을 달아요. 끈 길이는 상관없어요.

2 하늘을 날아다니는 유령놀이를 해요.

1

비닐장갑 손가락 부분을 잘라
네임펜으로 눈을 그려요.

2

물티슈를 잘라 1번에 끼워요.

3

고무줄로 묶어 얼굴을 만들어요. 또 다른
귀여운 꼬마유령이 완성됐어요.

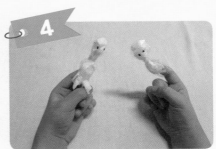

4

손가락에 끼워 역할놀이를 하며 놀아요.

 비슷한 유령을 다르게 만들면서 다양한 경험을 할 수 있어요. 먼저 만든 유령과
어떤 점이 다른지 이야기를 나누며 사고를 확장시킬 수 있어요.

04 뽀글뽀글 파마머리

볼풀공으로 다양한 놀이를 할 수 있어요. 사실 어떤 재료든 마찬가지에요. 활용하기 나름이지요. 특히 볼풀공은 아이가 어느 정도 크면 버리는 경우가 많은데 조금 남겨 두었다가 놀이로 활용해 봐요. 이번에는 볼풀공에 구멍을 내서 비눗방울 도구로 활용해 볼 거예요. 일반적으로 후 불면 날아가는 비눗방울이 아닌 대롱대롱 매달려 새로운 재미와 상상력을 자극시킵니다. 볼풀공에 눈, 코, 입을 그려 인형을 만들고 파마머리를 연출해 봐요.

🍎🐰 준비물

볼풀공(플라스틱공), 빨대, 칼,
송곳, 유성매직 또는 네임펜,
비눗물 또는 비누액

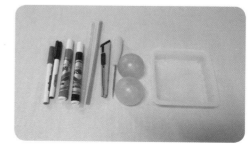

1 송곳으로 볼풀공 한쪽에 촘촘히 10~12개
정도 구멍을 만들어요.

2 반대쪽에는 '+'(십자) 모양으로 칼집을 내요.

♥엄마찬스♥ 칼집을 내는 건 엄마가 도와주세요.

Tip 빨대가 들어갈 자리이기 때문에 빨대 너비만큼
작게 잘라요.

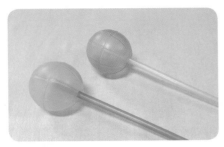

3 빨대를 '+'(십자) 구멍에 끼워요. 구멍 낸
부분에 닿지 않게 빨대 간격을 조금 띄워요.

4 유성매직으로 눈과 입을 그려요.

Tip 아이들이 비눗방울 놀이를 하다가 자칫하면 비눗물을 맛보기도 합니다. 볼풀공과 빨대 간격을 살짝 띄우면
비눗물을 먹지 않아요. 빨대를 끼우고 빨대를 끼운 구멍 부분을 글루건으로 붙이면 비눗물이 세지 않아요.

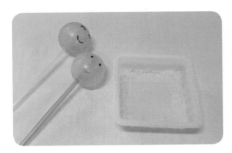

5 비눗물을 준비해요. 주방세제와 물을 1:3
비율로 희석해서 만들었어요.

6 비눗방울 놀이를 하기 전에 도구를 가지고
자유롭게 놀아요.

7 마이크처럼 볼풀공에 대고 노래도 부르고, 책상을 두드리며 놀아요.

8 뽀글뽀글 비눗방울 놀이를 해요. 비눗물을 묻힐 때는 빨대가 밀리지 않게 살짝 비눗물에 담가요.

9 빨대를 후 불면 뽀글뽀글 비눗방울이 볼풀공에 주렁주렁 생깁니다.

Tip 볼풀공을 위로 올리면 비눗물이 밑으로 흐르기 때문에 아래쪽을 향하거나 수평을 유지해요.

10 볼풀공에 생긴 비눗방울이 파마머리를 한 것처럼 보여요. 입김을 후 불어서 비눗방울을 날리며 놀아요.

 새로운 놀이를 통해 상상력을 키우며 생각을 확장할 수 있어요.

11 비눗물 통에 대고 빨대를 후 불어 보거나 비눗방울을 손가락으로 콕콕 찌르며 터트리기 놀이를 해도 좋아요.

Tip 아이가 마음껏 놀려면 화장실이나 베란다에서 놀이하기를 추천합니다.

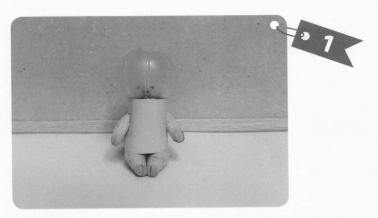

볼풀공과 휴지심지로 우주복을 만들 수 있어요. 휴지심지를 납작하게 누르고 색종이를 붙인 다음 양쪽에 팔 부분을 가위로 잘라 구멍을 만들어요. 인형을 휴지심지 안에 넣고 팔을 구멍 밖으로 빼요. 머리에 볼풀공을 씌우면 마치 우주복을 입은 것처럼 보여요.

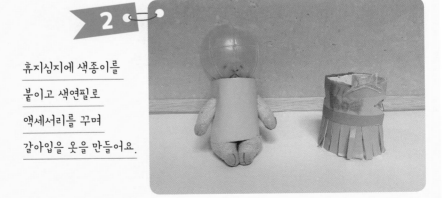

휴지심지에 색종이를 붙이고 색연필로 액세서리를 꾸며 갈아입을 옷을 만들어요.

05 시원한 얼음친구가 방긋 웃어요

더운 여름에 시원하게 놀 수 있는 얼음 놀이예요. 접시로 동그랗게 얼굴 모양을 만들고 물을 부어 꽁꽁 얼려 얼음친구를 만들어요. 하루를 기다려 만난 얼음친구를 보면서 아이는 반가워하고, 얼음친구도 방긋 웃어 주는 듯합니다. 얼음 하나로 펼쳐지는 아이만의 신나는 여름 놀이 세상을 경험해 봐요. 열이 많은 아이라면 여름철에 딱 좋은 놀이가 되겠죠?

준비물

은박접시, 모양장난감(동그라미, 세모, 반원 등 다양한 모양), 병뚜껑(2개), 털실, 테이프, 가위, 물

1 은박접시에 병뚜껑이나 모양 장난감으로 눈, 코, 입을 만들고 테이프로 붙여요.

2 털실을 잘라 접시 윗부분에 붙여 얼음친구의 머리를 만들어요.

Tip 은박접시가 아니어도 괜찮아요. 집에 넓은 접시가 있다면 활용해도 좋아요. 반원 모양이나 세모 모양 장난감을 입 모양이 되게 배치해요.

3 같은 방법으로 하나를 더 만들어요.

4 물은 눈, 코, 입으로 붙인 병뚜껑이나 모양 장난감 높이보다 낮게 부어요.

5 냉동실에 넣어 5시간 이상 꽁꽁 얼려요.

놀이장점

얼음이 될 때까지 기다려야 하기 때문에 인내심을 기를 수 있어요. 아이는 궁금해 하며 기다립니다. 또한 물질의 변화를 체험할 수 있는 좋은 기회입니다. 액체에서 고체로(물에서 얼음), 다시 고체에서 액체가(얼음에서 물) 되는 과정을 관찰할 수 있습니다.

6 5시간 후에 또는 다음 날 냉동실에서 꺼내요.

7 은박접시와 얼음을 분리해요.

> Tip 놀이할 때 얼음이 녹아서 손이나 옷에 물이 묻을 수 있으니 큰 수건을 깔아 놔요.

8 얼음친구를 시원하게 얼굴에도 대 보고, 자유롭게 놀아요.

9 얼음이 조금씩 녹으면 모양장난감이 분리됩니다. 분리하며 놀이해요.

> Tip 쉽게 분리하기 위해서는 얼음이 조금 녹을 때까지 기다리거나 따뜻한 물을 살짝 담갔다가 빼요.

10 장난감을 다 분리한 후 다시 끼우며 퍼즐 맞추기 놀이를 해요.

11 마치 얼음으로 만든 피부 마사지 팩이 된 것 같아요.

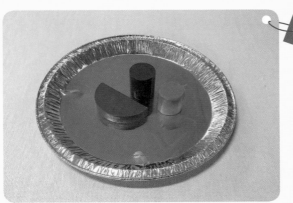

★응용놀이★ 이렇게도 놀 수 있어요!

1

은박접시에 모양
장난감을 올려요.

2

접시를 잡고
모양장난감을 통통 튀어
주며 재밌는 소리를
경험하고, 던졌다가
받기 놀이도 해요.

놀이장점 물건을 위로 던졌다가 받기 위해 힘과 방향을 조절할 수 있
으며 소리에 귀 기울이면서 소리 감각을 기를 수 있어요.

06 대롱대롱 고무줄 달린 모양 얼음

더운 여름 시원하게 할 수 있는 또 다른 얼음 놀이를 소개합니다. 고무줄 달린 모양 얼음
놀이에요. 대롱대롱 매달린 얼음이 아이에게 웃음을 주기에 충분하겠죠? 얼음을 흔들다
가 얼음에 맞지 않게 주의해요. 고무줄 길이를 다르게 해서 놀거나 모양 얼음으로 다양한
놀이를 하면서 새로운 경험을 할 수 있어요.

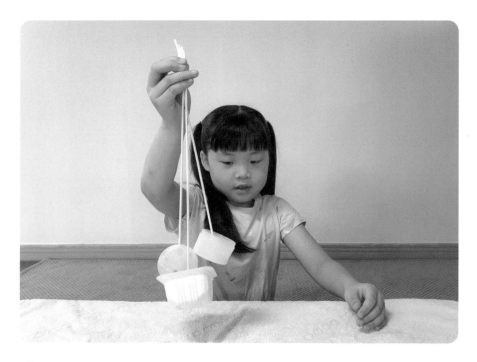

 준비물

고무줄, 볼풀공, 여러 모양 플라스틱 용기(요플레통,
연두부통 등), 물, 빨대, 칼, 가위, 테이프

※ 다양한 모양의 얼음을 만들기 위해 여러 가지 플라스틱
용기를 준비해요.
※ 구 모양은 볼풀공을 활용했어요. 구 모양 형태가 없다면
생략하거나 다른 모양으로 해요.

1 볼풀공을 '+'(십자) 모양으로 칼로 잘라요.

♥ 엄마찬스 ♥ 칼 사용은 엄마가 도와주세요.

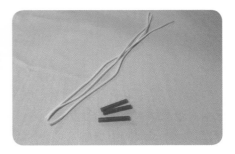

2 빨대와 고무줄을 잘라요. 빨대 크기는 통에 붙일 용도이기 때문에 통보다 작은 크기로 잘라요. 고무줄은 25㎝ 정도 사용했어요. 길이는 너무 길지 않게 사용해요.

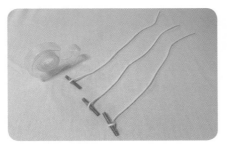

3 빨대를 고무줄에 묶거나 테이프로 붙여 연결해요.

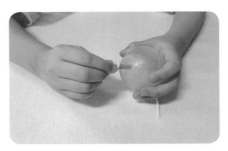

4 빨대를 연결한 고무줄을 볼풀공 안쪽으로 넣어요.

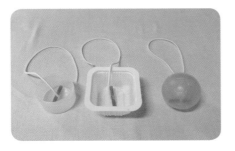

5 다른 용기는 바닥 부분에 빨대를 테이프로 붙여 고정시켜요.

6 물은 넘치지 않게 용기보다 조금 적게 넣어요.

7 볼풀공은 구멍으로 물을 넣어요. 얼음이 되면 부피가 늘어나기 때문에 공간을 조금 남겨 놓고 물을 넣어요.

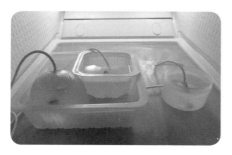

8 냉동실에 넣고 5시간 이상 꽁꽁 얼려요.

9 5시간 후 또는 다음 날 냉동실에서 꺼내요.

놀이장점

아이가 고무줄 달린 얼음은 처음 봤을 거예요. 아이들에게 새로운 놀이 경험으로 큰 흥미를 유발합니다.

10 고무줄을 위아래로 당기며 놀이합니다.

Tip 여러 모양에 대해 이야기하며 얼음을 관찰해요.
♥엄마찬스♥ 모양 얼음을 돌리면서 놀 수 있어요. 이때 옆에 있는 가족이 맞지 않도록 주의하라고 지도해 주세요.

★응용놀이★ 이렇게도 놀 수 있어요!

1

모양 얼음을 가지고 크기 순서대로 쌓기 놀이를 해요.

2

얼음 돌리기 놀이를 해요. 얼음이 빙글빙글 돌아가면서 고무줄이 꼬였다 풀렸다 하는 모습을 볼 수 있어요.

3

플라스틱 통과 얼음을 분리해서 놀아요. 놀다 보면 얼음이 녹으면서 통에서 분리돼요.

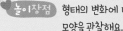 **Tip** 따뜻한 물에 잠깐 담가 놓으면 얼음을 쉽게 분리할 수 있어요.

놀이장점 형태의 변화에 대해 이야기해 보고, 얼음 모양을 관찰해요.

4

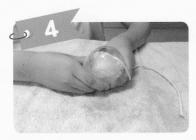

얼음이 잘 나올 수 있게 가위로 볼풀공을 조금 더 크게 잘라요. 볼풀공에서 얼음을 분리하면 얼음공이 돼요.

5

얼음이 분리된 플라스틱 통으로 탑을 쌓고 얼음공으로 무너뜨리기 놀이를 해요.

07 풍선빗방울이 빙글빙글

비가 많이 오는 장마철에는 바깥 놀이가 쉽지 않죠. 아이들은 빗속에서 놀이하는 것을 무척 좋아하지만 부모는 혹여 아이가 감기에 걸릴까 걱정하기 마련입니다. 대신 잠깐이라도 비를 느끼며 놀이하고 집에서 빗방울을 표현하며 놀이해 봐요. 종이에 빗방울을 그려도 좋고, 신문지를 길게 잘라 표현해도 좋아요.

 준비물

풍선, 끈, 테이프, 우산, 가위

1 풍선은 너무 크지 않게 적당한 크기로 불어 묶어요.

♥ 엄마찬스 ♥ 풍선 묶는 건 엄마가 도와주세요.

2 먼저 불어 놓은 풍선과 비교하며 비슷한 크기로 풍선을 불어요.

3 풍선을 여러 개 준비해요. 우산 한 개에 8개 정도의 풍선이 필요해요.

Tip 풍선을 불면서 풍선 색깔을 말하며 놀아요.

4 풍선에 끈이 풀리지 않게 두 번 묶고, 끈 길이 는 20~30㎝ 정도가 적당합니다.

♥ 엄마찬스 ♥ 풍선에 끈을 묶는 건 엄마가 도와주세요. 아이에게 끈 묶는 방법을 알려 줘도 좋아요.

5 우산을 펴고 풍선에 묶어 놓은 끈을 테이프로 붙여요.

6 풍선빗방울이 완성됐어요. 우산을 빙글빙글 돌리거나 접었다 펴며 놀아요.

 놀이장점 아이의 상상력에 날개를 달아 줍니다.

우산집 놀이

1

2

풍선 달린 우산을 펼쳐 놓고,
들어가서 놀이해요.

풍선빗방울이 떨어지고 있다고
상상하며 놀이해요.

★응용놀이2★ 풍선 날리기

1

2

우산을 펴서 거꾸로 하고 풍선을 넣어요.

TiP 풍선 속에 방울을 넣으면 풍선이 움직이면서
소리를 내기 때문에 더욱 재밌게 놀 수 있어요.

우산의 손잡이를 잡고 돌리면
풍선이 날아갑니다. 아이는 날아가는
풍선을 보며 즐거워합니다.

낚시 놀이

1

우산에 달린 풍선을 떼서
끈의 끝부분을 고리처럼
만들어 묶어요.

2

책상을 준비해요.

Tip 의자, 식탁 등 올라갈 수 있는
곳에서 해도 좋아요.

3

책상에 앉아 우산 손잡이를
활용해 풍선 잡기 놀이를
해요. 아이는 낚시 놀이라며
즐거워합니다.

08 소리 내며 움직이는 유령

앞에서 만든 유령은 작고 귀여웠다면 이번에는 소리 내며 움직이는 유령을 만들어 볼
게요. 동화책에 자주 등장하는 유령을 그리고 오려서 상자에 붙인 후 움직이는 장난감
을 상자에 넣으면 완성됩니다. 아이의 장난감을 활용해 만든 세상에 하나밖에 없는 유
령 놀잇감은 무서움의 대상이 아닌 친구 같이 친근한 존재로 다가옵니다. 아이가 움직
이는 유령을 보며 즐겁게 놀이하는 모습을 지켜봐요.

준비물

종이상자, 움직이는 장난감,
스케치북, 크레파스 또는 색연필,
가위, 풀, 테이프

※ 종이상자는 움직이는 장난감이
　들어가는 크기의 상자

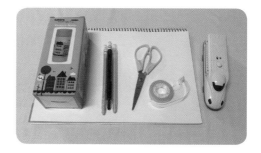

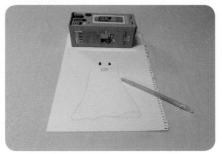

1 스케치북에 유령 그림을 그려요. 유령은 상자 크기에 맞게 그려요.

(Tip) 유령뿐만 아니라 도깨비나 아이들이 좋아하는 다른 대상을 그려서 붙여도 좋아요.

2 스케치북 두 장을 겹쳐 가위로 자르면 두 개의 유령이 만들어집니다.

(Tip) 앞뒤 똑같은 유령의 모습이 되도록 그려요.

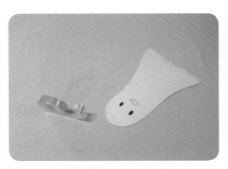

3 유령 머리 부분을 테이프로 붙여 두 장을 연결해요.

4 하얀색 도화지로 상자를 감싸 붙여요.

5 상자에 유령의 몸통 부분을 풀이나 테이프로
붙여요.

6 장난감을 움직이는 상태가 되도록
전원스위치(on 상태)를 누르고 상자 속에
넣어요.

Tip 종이상자가 가벼울수록 유령이 더 잘 움직입니다.

7 장난감이 상자 속에 들어가면 소리를
내며 움직이는 유령이 완성돼요!

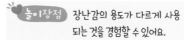 놀이장점 장난감의 용도가 다르게 사용
되는 것을 경험할 수 있어요.

8 움직이는 유령을 피해 도망가며
신나게 놀이합니다.

상자 대신 우유갑을 활용해도 좋아요. 우유갑
두 개를 똑같이 한 면을 자르고, 입구 부분도
자른 후 두 개의 우유갑을 겹쳐 긴 네모
형태로 만들어요.

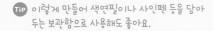 이렇게 만들어 색연필이나 사인펜 등을 담아
두는 보관함으로 사용해도 좋아요.

두 개의 우유갑을 테이프로 붙여
고정시켜요.

뒤집어서 종이 유령을 붙이고 움직이는
장난감을 덮어요. 우유갑은 가벼워서 움직이는
장난감이 우유갑 속에서 더 잘 움직입니다.

유령이 움직이며 아이를 향해 옵니다. 아이는
움직이는 유령을 보며 즐거워합니다.

09 하얀 거품방망이로 뚝딱

페트병을 활용하면 특별한 준비 없이 비눗방울 놀이를 할 수 있어요. 비눗방울 놀이는 아이들이 싫증 내지 않고 언제나 재미있어 하는 놀이입니다. 오랜 시간 놀아도 더 놀고 싶어 하는 아이들을 위해 부담 없는 페트병 비눗방울 놀이를 준비해요. 비눗방울 놀이를 하면서 탐구력도 자라납니다.

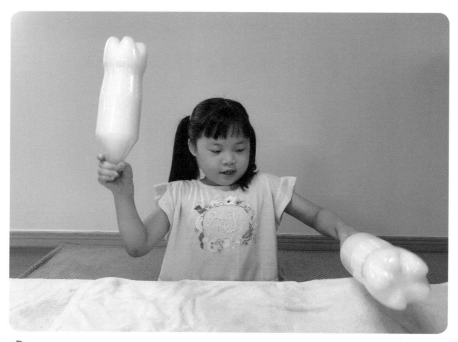

 준비물

페트병 2~3개, 주방세제, 물, 수건

1 페트병 두 개에 물을 1/3 정도만 넣어요.

Tip 물을 많이 넣으면 아이가 페트병을 흔들기 힘들고,
주방세제도 많이 넣어야 해요.

2 물을 담은 페트병에 주방세제를 2~3번 눌러
넣어 줘요.

놀이장점 페트병의 좁은 입구에 물을 넣으면서 조심성과 함께 물의 양을 비교하면서 관찰력을 키울 수 있어요.

3 물과 주방세제가 담긴 페트병을 뚜껑을 닫고
흔들어 비눗방울을 만들어요.

4 흔들어서 비눗방울을 만든 페트병과 아직 흔들
지 않은 페트병의 물을 비교하며 탐색해요.

5 비눗방울의 변화를 관찰해요.

6 페트병을 마음껏 두드리고, 굴리고, 던지며
자유롭게 놀아요.

Tip 놀이가 다 끝나면 비눗방울은 설거지할 때
재활용합니다.

★응용놀이1★ 뚜껑에 구멍 뚫기

페트병 뚜껑을 송곳으로 뚫어요.

뚜껑을 막고 흔든 후 페트병을 누르면
비눗방울이 올라오며 재미있는 놀이가
시작됩니다.

🅣🅘🅟 페트병을 흔들기 위해서는 구멍을 뚫지 않은 뚜껑을
미리 준비해 두었다가 활용해요.

★응용놀이2★ 또다른 비눗방울

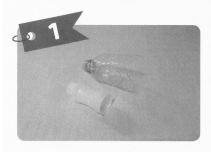

페트병과 요구르트통의 밑면을 잘라요.
칼로 칼집을 내서 가위로 자르면 쉽게 자를
수 있습니다.

행주도 잘라서 사용합니다. 비눗방울
크기를 다르게 하기 위해서 하나는 행주 한
겹, 나머지는 두 겹을 사용합니다.

🅣🅘🅟 행주가 없으면 물티슈를 활용해도 좋아요.

3

행주 한 겹을 페트병에, 두 겹으로 접은
행주는 요구르트통에 감싸 고무줄을 묶어
고정시켜요.

4

페트병으로 만든 놀이도구를 비눗물에
묻히고 불어 비눗방울을 만들어요.

Tip 수건을 미리 바닥에 깔고서 활동해요.

5

요구르트통으로 만든 놀이도구를 비눗물
에 묻히고 불어 비눗방울을 만들어요.

6

페트병과 요구르트통 두 개를 한 번에
불며 비눗방울 크기를 비교해요.

7

비눗방울을 한가득 만들면 아이는 더욱
재밌어 합니다.

8

비눗물에 물감을 섞어서 색깔 비눗방울도
만들어 봐요.

10 뽕뽕 세균 잡기 놀이

뽕뽕! 세균을 물리치는 놀이에요. 더운 날씨로 인해 아이들과 지내다 보면 아이도, 엄마도 짜증날 때가 있어요. 그럴 때 하면 좋은 놀이입니다. 세균을 물리치며 짜증 나는 마음도 함께 날려 버려요. 세균 놀이를 하면서 식중독에 대한 이야기를 하거나 놀이 전에 세균에 관한 책을 읽으면 놀이가 더욱 풍성해져요.

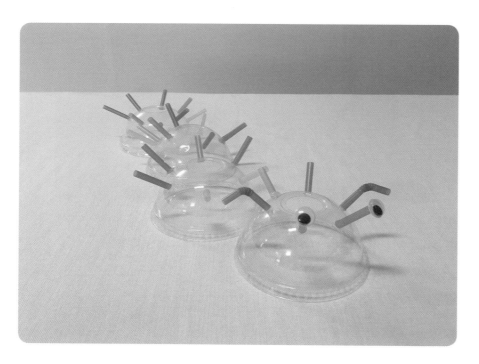

🍎 준비물

플라스틱 컵 뚜껑 3~4개, 글루건,
가위, 색빨대, 눈알 장식, 장난감망치,
플라스틱 이쑤시개 또는 과일꽂이

1 여러 개의 다양한 색빨대를 2.5~3㎝ 정도 크기로 잘라 준비해요.

2 플라스틱 컵 뚜껑에 다양한 색깔의 빨대를 글루건을 이용해 붙여요. 빨대를 손으로 누른 상태로 잘 붙을 때까지 잠시 기다려요.

♥ 엄마찬스 ♥ 아이가 글루건을 사용하고 싶어 한다면 엄마가 안전하게 사용할 수 있도록 도와주세요. 글루건을 사용할 때는 항상 주의가 필요합니다.

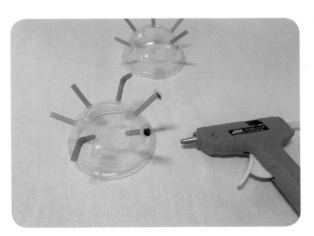

3 빨대 두 곳에 눈알 장식을 붙여요. 스티커 형태가 아니라면 글루건으로 붙여요.

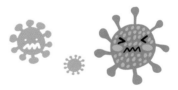

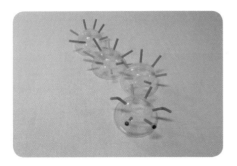

4 플라스틱 컵 뚜껑 3~4개에 2번과 같은
방법으로 자른 빨대를 붙여요.

5 플라스틱 이쑤시개나 과일꽂이를 빨대 속에
넣어요.

Tip 이쑤시개, 과일꽂이가 없다면 이 부분은 생략해도
좋아요.

6 여러 마리의 세균이 만들어졌어요. 장난감망치를 활용해
세균 잡기 놀이를 해요.

 우리 몸에 해로운 세균에 대해서 알아보고, 왜 손을 깨끗이
씻어야 하는지 배울 수 있어요.

지구 괴물

색빨대를 붙인 컵 뚜껑 두 개를 맞대어 붙여요.

아이가 놀다가 스스로 만든 창의적인 놀잇감입니다. 아이는 '지구 괴물'이라고 이름을 지었어요.

놀이장점 마음껏 놀 수 있는 환경을 제공해 주면 아이는 더 많은 놀이를 찾아 내고, 더 창의적인 놀이를 합니다. 스스로 생각하고 응용하는 능력이 생깁니다.

★응용놀이 2★
애벌레 기차

테이프를 붙여 연결하면 애벌레 모양이 됩니다. 끈을 달지 않고 이대로 놀아도 좋아요.

앞부분에 끈을 붙여 잡아당기면 움직이는 애벌레 기차 놀이를 할 수 있어요.

11

하얀 연기가 솔솔
드라이아이스 실험

아이들이 무척이나 흥미로워하는 드라이아이스로 다양한 실험을 할 수 있어요. 드라이아이스가 금속에 닿을 때 나는 소리를 들어 보고, 비닐봉지에 넣고 묶으면 폭파 놀이도 할 수 있어요. 아이스크림 케이크를 사면 드라이아이스를 상자에 넣어 줘요. 드라이아이스는 어른도 주의해야 해요. 동상을 입지 않도록 장갑을 끼고 사용하고 피부에 접촉하지 않도록 주의하며 놀이해요.

🍎 준비물

드라이아이스, 플라스틱 병, 매직 또는 네임펜, 비닐장갑, 비닐봉지, 숟가락, 송곳, 물

1 비닐장갑에 좋아하는 그림을 따라 그리거나 마음껏 그림을 그려요.

2 플라스틱 병뚜껑을 송곳으로 여러 곳 뚫어요.

3 병뚜껑에 닿히는 부분을 밑으로 해서 비닐장갑의 입구 부분을 감싸요.

Tip 유아용 비닐장갑을 사용하면 크기가 더 작기 때문에 좀 더 수월하게 감쌀 수 있어요.

4 플라스틱 병에 드라이아이스를 넣어요.

Tip 드라이아이스는 장갑을 끼고 만지고, 직접 피부에 닿지 않도록 주의해요.

5 4번에 물을 부어요.

6 비닐장갑을 감싼 뚜껑을 닫아 줘요. 비닐장갑의 밑부분에서 공기가 새지 않도록 뚜껑을 꼼꼼하게 막은 후 닫아요.

♥엄마찬스♥ 이 부분은 엄마가 해 주세요.

7 드라이아이스가 승화되면서 기체가 생겨 비닐장갑이 점점 부풀어 오릅니다.

 놀이장점 드라이아이스의 승화 과정을 알 수 있어요.

8 비닐장갑이 빵빵해지면서 '퍽' 하고 소리 나면서 터집니다. 빵빵해진 비닐장갑을 만져 보고, 어느 부분에서 터져서 구멍이 생겼는지 관찰해요.

TiP 비닐장갑이 부풀어 오르면서 터져야 하는데 터지지 않는다면 폭파 실험 실패입니다. 다시 만들어서 새롭게 도전해요.

★응용놀이1★ 폭파 놀이

비닐봉지에 드라이아이스를 넣은 후 물을 붓고 묶으면 폭파 놀이를 쉽게 할 수 있어요.

★응용놀이2★ 소리 놀이

은박접시에 드라이아이스를 넣고 숟가락을 대 보면 재밌는 소리가 납니다. 금속이 닿을 때 '끼익' 하고 소리가 나는데, 아이들은 방귀 소리라며 깔깔대며 웃습니다.

숟가락과 송곳을 대 보고 소리가 어떻게 다른지 들어 봐요.

놀이장점 소리가 왜 나는지 호기심이 생겨요.

★응용놀이3★ 기체 놀이

드라이아이스에 물을 부어요.

하얀 기체를 숟가락으로 뜰 수 있는지 실험해 봐요.

Special play!

광복절 태극기 식빵

눈길을 걸어갈 때 어지럽게 걷지 말기를.
오늘 내가 걸어간 길이 훗날 다른 이의 이정표가 되리니 – 백범 김구 –

백범 김구 선생님의 글이 감동으로 다가옵니다. 바쁜 일상을 살다 보면 내가 바른 길로
가고 있는지 생각할 겨를도 없이 살아갑니다. 지금 우리가 평안하게 살 수 있는 건 나라
를 위해 희생한 분들의 사랑과 헌신이었음을 깨닫게 됩니다. 광복절을 맞아 아이가 좋
아하는 간식 재료로 태극기를 만들었어요. 태극기 식빵을 만들면서 태극기와 광복절의
의미도 이야기하며 아이와 함께 감사의 마음을 갖는 시간을 가져 봐요.

🍎🐰 준비물

식빵, 빼빼로 과자(길쭉한 막대과자), 종이호일,
파란색 이온음료와 수박주스 얼음

※ 작은 얼음 틀에 미리 얼려서 준비해요. 수박주스
   대신 토마토주스나 딸기주스를 활용해도 좋아요.
   얼음 대신 과일이나 젤리를 활용해도 좋습니다.

1 재료를 탐색하며 아이와 이야기를 나눠요.

2 아이와 놀이를 하기 전 태극기와 관련된 책을 함께 보면 좋아요.

3 식빵 4개를 종이호일에 올려놓아요.

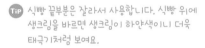

Tip 식빵 끝부분은 잘라서 사용합니다. 식빵 위에 생크림을 바르면 생크림이 하얀색이니 더욱 태극기처럼 보여요.

4 빼빼로 과자를 작게 잘라 작은 조각을 만들어요.

5 빼빼로 과자를 건, 곤, 감, 리 4괘를 만들어 식빵 위에 올려요.

6 파란 이온음료 얼음, 수박주스 얼음으로 태극 문양을 꾸며요.

Tip 얼음 대신 아이가 좋아하는 빨강색과 파랑색의 젤리나 초콜릿을 활용해도 좋아요.

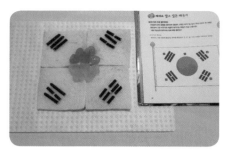

7 식빵으로 만든 태극기가 완성됐어요.
스케치북에 태극기를 그리는 것과는 또 다른
재미가 있어요.

8 광복절과 태극기의 의미에 대해 아이와
이야기를 나눠요.

Tip 4괘는 건-하늘, 곤-땅, 감-물. 리-불을 상징하고, 태극 문양은 음(파랑)양(빨강)의
조화를 나타내고, 태극기의 흰색 바탕은 밝음과 순수, 평화를 사랑하는 우리의
민족성을 나타낸다는 것을 알려 줘요.

놀이장점 광복절의 의미와 태극기의 구성과 의미에 대해 알 수 있고, 감사의 마음을 배우는 시간이 됩니다.

★응용놀이1★ 샌드위치

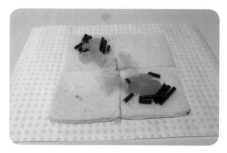

1 위에서 만든 태극기를 활용해 샌드위치를
만들어 봐요. 식빵 한쪽에 빼빼로 과자와
음료수 얼음을 모아요.

2 빼빼로 과자와 얼음을 올리지 않은 쪽의
식빵을 덮어요. 얼음이 아삭아삭 씹혀서
의외로 맛있고, 여름에 시원하게 먹을 수
있답니다.

축하케이크

1 식빵을 두 개씩 같은 크기로 잘라요. 작은
것을 위로 올려 2층 케이크 모양을 만들어요.

2 빼빼로 과자를 꽂아 촛불을 표현해요.

3 음료수 얼음으로 케이크를 꾸며 주면
간단하지만 특색 있는 케이크가 완성돼요.

TiP 광복절을 축하하고 감사하며 맛있게 먹어요.

빼빼로 화살

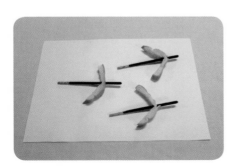

1 아이가 식빵 테두리로 화살을
만들었어요. 잘라 낸 테두리
식빵에 빼빼로 과자를 꽂아
화살을 만들어 맛있게 냠냠
먹어요.

Fall

Part 3

가을

**마음까지 풍성해지는
자연놀이**

01 종이인형들의 달리기 경주

아이들은 도장 찍기 놀이를 좋아합니다. 도장 찍기 놀이를 실컷 하고 더 재미있게 놀 수 있는 놀이를 소개합니다. 빨대로 '후' 불어 캐릭터들이 달리기 경주를 하는 놀이입니다. 너무 세게 불면 넘어지니 살살 불어야 해요. 캐릭터 도장이 없다면 아이가 좋아하는 캐릭터 그림을 그려서 해도 좋아요. 각자 좋아하는 캐릭터 종이인형을 만들어 온 가족이 함께 경주해 봐요. 엄마, 아빠와 함께한다면 아이들은 더욱 즐거워할 거예요.

🍎🐰 준비물

캐릭터 도장, 스탬프잉크, 흰색 도화지 또는 스케치북, 가위, 색연필, 빨대, 버블티 빨대(구멍이 넓은 빨대)

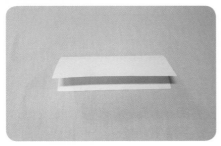

1 흰색 도화지를 반으로 접어요.

Tip 두꺼운 도화지를 사용하면 좀 더 튼튼하게 만들 수 있어요.

2 접힌 부분을 위로 하고 접힌 부분 쪽에 가깝게 캐릭터 도장을 찍습니다. 여러 개의 캐릭터 도장을 사용해요.

3 얼굴만 찍히는 도장이라면 나머지 부분은 그림을 그리고 색칠해요.

4 접힌 상태로 연결되게 그림을 오려요. 윗부분은 자르지 않습니다.

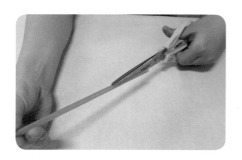

5 빨대 사이를 길게 잘라요.

♥엄마찬스♥ 삐뚤게 자르지 않도록 엄마가 도와주세요.

6 길게 자른 빨대를 캐릭터 종이인형의 신발 크기에 맞게 잘라요.

빨대를 자르면서 빨대가 튕겨져 나가는 모습을 보면서 아이는 "날아간다"며 재미있어 합니다. 정형화된 장난감보다 더 재밌게 놀 수 있어요.

7 아랫부분(발쪽)에 빨대를 끼워서 캐릭터 종인인형을 세워요.

8 버블티 빨대(구멍이 넓은)를 7cm 정도 잘라 준비해요. 이제 달리기 시합을 시작해 볼까요?

Tip 빨대를 불 때는 캐릭터들의 발쪽(빨대 끼운 부분)을 향해 불면 넘어지지 않고 앞으로 잘 나가요.

 입으로 바람을 불면서 강약을 조절하는 능력과 방향 감각을 키울 수 있어요.

★응용놀이★ 모양 도장 찍기놀이

1

스케치북에 사인펜으로
아이가 원하는 모양을
그려요.

2

그린 선을 따라
캐릭터 도장을
찍으며 놀아요.

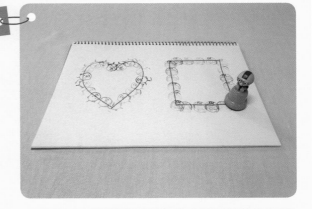

 놀이장점 도장을 찍으면서 집중력을 발달시킬 수 있고 선과 모양의
개념을 알 수 있어요.

02 펑펑 소리 나는 폭죽

가을 하면 축제의 계절이라고 하는데요. 특히 축제가 막을 내리는 날에는 하늘을 향해
폭죽을 쏩니다. 아이는 신비로운 빛을 내면서 요란한 소리를 내는 폭죽을 신기해 하며
바라봅니다. 빛나고 화려한 폭죽은 아니지만 소리가 나는 폭죽을 간단히 만들어 봐요.
축제가 아니더라도 생일날이나 기념일 같은 날을 만들어 활용해도 좋아요.

준비물

풍선, 비즈, 뿅뿅이(솜구슬), 가위,
넓은 테이프, 플라스틱 투명컵

130

1 플라스틱 투명컵에 비즈와 뽕뽕이를 넣어요.

Tip 작은 방울을 함께 넣어 주면 소리가 더 예쁘게 납니다.

2 풍선 윗부분을 잘라서 입구 쪽을 사용합니다.

3 풍선의 입구 부분을 묶어요.

♥엄마찬스♥ 풍선 묶는 것은 엄마가 해 주세요.

4 비즈와 뽕뽕이를 담은 플라스틱 컵에 자른 풍선을 감싼 후 넓은 테이프를 붙여 단단히 고정시켜요.

5 컵 안에서만 튕겨져 나가는 폭죽이 완성됐어요. 컵 밖으로 나가지 않으니 청소를 하지 않아도 돼요.

131

6 풍선을 잡아당겼다가 놓으며 폭죽 놀이를
　해요.

7 마라카스처럼 흔들어 소리를 내며 놀이해요.

 아이가 좋아하는 풍선과 비즈를 활용해
흥미 유발과 소리 감각을 키울 수 있어요.

★응용놀이★ 이렇게도 놀 수 있어요!

컵의 밑부분을 칼로 잘라요.

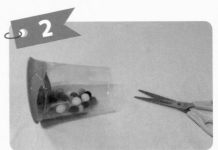

가위로 자른 부분을 매끄럽게 다듬어요.

3

날카로운 부분으로 인해 아이가 다치지 않도록 자른 부분을 테이프로 감싸요.

♥엄마찬스♥ 칼과 가위로 자르고, 매끄럽게 만들어 테이프로 감싸는 것은 엄마가 해 주세요.

4

앞으로 튕겨져 나가는 폭죽을 만들 때는 맞으면 아플 만한 딱딱한 물건은 빼 줘요.

Tip 소리를 내기 위해 넣은 딱딱한 비즈는 빼고 사용했어요. 색종이를 잘라 넣어 줘도 좋아요.

5

풍선을 잡아당겨 쏘며 놀이합니다. 앞으로 튕겨져 나간 재료들을 다시 주워 담아 놀이해요.

Tip 앞으로 튕겨져 나가는 폭죽만 만들 계획이라면 풍선을 감싸는 부분을 컵의 밑부분으로 해도 좋아요.(거꾸로 사용해도 좋아요.)

놀이장점 아이들이 플라스틱 컵을 자른 부분에 왜 테이프를 붙이는지 궁금해 합니다. 자른 부분이 많이 날카롭지는 않지만 다칠 수 있기 때문에 더 안전한 놀잇감을 만들기 위해 하는 과정이라고 설명해 주세요. 놀이 과정을 통해서 안전에 대해 생각해 보는 기회가 됩니다. 종이에 손이 베이면 아프고 피가 나는 것처럼 위험해 보이지 않아도 다칠 수 있다는 것을 알려 줘요.

03 꽃게를 잡으러 어디로 갈까요?

게 잡으러 갯벌에 가자고 조르는 아이들을 위해 꽃게를 만들었어요. 아이가 동화책 속에 빨간 꽃게를 보며 "꽃게가 왜 빨간색이야? 빨간색 아닌데…."라고 이야기합니다. "삶으면 빨간색으로 변하잖아."라고 대답하니 "동화책 속에 나오는 꽃게는 살아 움직이지, 삶은 꽃게가 아니야. 그럼 작가가 장난쳤나 봐."라고 말하더군요. 갯벌에서 만난 꽃게는 빨간색이 아니지만 붉은 게도 있다고 말해 주었어요. 아이는 자신의 경험을 책의 내용과 비교하며 차이를 구분해 냅니다. 이런 과정을 통해 관찰력도 쑥쑥 자라납니다.

 준비물

과일보호지(여러 개), 가위,
글루건, 눈알 장식

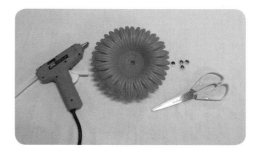

134

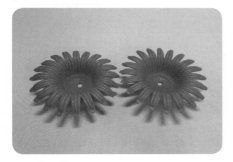

1 과일보호지를 펼쳐요.

2 가위로 필요하지 않은 부분은 잘라요. 윗부분
중 가운데는 자르고 2개를 사용합니다.
옆부분은 양쪽으로 4개씩 남기고 나머지
부분은 잘라요.(사진 참고)

> **Tip** 잘라 낸 부분 2개는 버리지 않고 집게발을 만들 때
> 사용할 거예요.

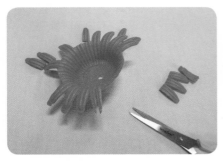

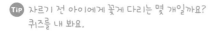

3 꽃게 다리 개수에 맞게 맨 밑에 부분 가운데를
잘라 다리를 한 개 더 만들어요. 양쪽 모두
똑같이 만들어요.

> **Tip** 자르기 전 아이에게 꽃게 다리는 몇 개일까요?
> 퀴즈를 내 봐요.

4 잘라 낸 부분 두 개를 꽃게의 특징을 살려
가위로 집게 모양처럼 잘라요.

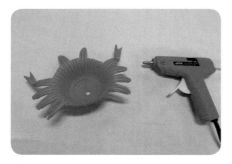

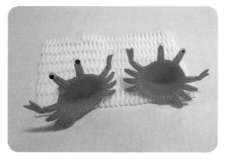

5 양쪽에 글루건으로 잘라 놓은 부분을 붙여 꽃게의 집게를 표현해요.

6 눈알 장식을 붙이면 꽃게가 완성돼요.

놀이장점 재활용품을 활용해 간단하고 훌륭한 장난감을 만들 수 있다는 것을 배워요.

7 과일보호지 2개를 맞대어 겹쳐서 만들기, 볼록한 부분을 앞으로 해서 만들기, 오목한 부분을 앞으로 해서 만들기 등 다양한 모양의 꽃게를 만들 수 있어요.

8 만든 꽃게를 이용해 자유롭게 놀아요.

TiP 집에 있는 꽃게 장난감을 가져와 함께 놀아도 좋아요.

★응용놀이1★ 꽃게 날리기

1

폭죽 놀이 도구에 꽃게를 끼워
날리며 놀이해요.

TiP 폭죽 놀이 도구는 앞에서 소개한
〈02 '펑펑 소리 나는 폭죽'〉을
참고해요.

★응용놀이2★ 인형옷 만들기

1

인형 크기에 맞게 과일보호지를
자르고 원하는 모양대로
인형옷을 만들어요.

2

인형옷을 입힌 후
인형 놀이를 하며 놀아요.

137

04 당근 밭에 당근이 자랐어요

아이는 씨앗을 심고 농작물을 거두는 일을 좋아합니다. 대부분의 아이들이 도시에 살고 있기 때문에 농작물을 기르는 일은 쉽지 않아요. 그런 아이들을 위해 집에서 할 수 있는 놀이를 소개합니다. 휴지심지로 당근을 만들고, 종이상자에 칼집을 내서 당근 밭을 만들 수 있어요. 큰 화분이 있다면 아이들과 당근 씨앗을 심어 직접 길러 보는 것도 좋습니다.

🍎🐰 준비물

종이상자, 휴지심지 6~7개,
테이프, 가위, 칼, 색연필 또는
크레파스

1 휴지심지를 눌러 납작하게 만들어요.

2 한쪽 끝을 세모 모양으로 잘라요.

> **TiP** 잘려진 부분은 당근 잎으로 사용할 거예요.

3 자른 부분을 테이프로 붙여 벌어지지 않게 해요.

4 반대쪽 부분은 선물 포장할 때 접는 방법으로 안쪽으로 접어요. (사진 참고)

> ♥엄마찬스♥ 접는 부분은 엄마가 도와주세요.

5 접은 부분을 테이프로 붙여 벌어지지 않게 해요.

6 테이프를 붙인 중간 부분에 칼집을 내요.

> ♥엄마찬스♥ 칼을 사용할 때는 항상 주의하고, 엄마가 도와주세요.

7 잘라 낸 휴지심지 조각을 칼집 낸 곳에 꽂아 당근 잎을 표현해요.

8 주황색과 초록색으로 휴지심지를 색칠해서 당근처럼 꾸며요.

9 휴지심지를 자르고 색칠했을 뿐인데 간단하게 당근이 완성됐어요.

10 종이상자를 뒤집어 칼집을 내요. 너무 길게 하면 당근이 쑥 들어가니 뾰족한 부분이 들어갈 정도로만 칼집을 내요. 종이상자를 색종이로 꾸며 밭을 만들어도 좋아요.

11 당근을 칼집 낸 부분에 꽂아요.

Tip 봄이 되면 당근 씨앗을 심어 보는 것도 좋아요. 당근을 싫어하던 아이도 자신이 직접 키운 당근은 먹어 봅니다. 당근을 직접 보고 만지면서 오감놀이도 할 수 있어요.

12 당근 뽑기, 당근 심기 놀이를 하거나 당근 밭을 가꾸는 놀이를 해요.

 놀이장점 놀이를 통해 농작물 기르기 체험을 할 수 있고, 농작물이 자라는 데 필요한 조건을 알 수 있어요.

휴지심지로 다양한 놀이

당근 모양이 아닌 다른 모양도 만들어 봐요. 아이는 양쪽 끝에 잘라낸 휴지심지 조각을 꽂아 동물의 귀로 표현했어요.

휴지심지를 가위로 잘라 문 모양(위로 올리는 문, 앞으로 여는 문)을 만들어 텐트나 작은 건물로 표현해요.

가위로 잘라 두유팩 모양을 만들었어요. 휴지심지에 그림을 그리고 빨대를 꽂으니 진짜 두유팩 같아요.

놀이장점 휴지심지로 만들 수 있는 놀잇감이 정말 무궁무진하죠? 휴지심지로 다양한 놀잇감을 만들면서 창의력을 기를 수 있어요.

★응용놀이12★ 당근 기르기

당근의 밑동을 잘라 물에 담가 당근 잎 키우기를 해 봐요. 2~3일에 한번 물을 갈아 줘요. 잎이 자라고, 뿌리가 생기는 것을 볼 수 있어요. 관상용으로도 좋고 수경재배(흙을 사용하지 않고 물과 수용성 영양분으로 만든 배양액 속에서 식물을 키우는 방법)를 경험할 수 있답니다.

05 뾰족뾰족 고슴도치 가시

해바라기 씨앗을 까서 냠냠 맛있게 먹고, 남은 껍질로 뾰족뾰족 고슴도치 가시를 표현했어요. 요즘은 고슴도치를 집에서 키우는 사람도 많은데요. 고슴도치에 관심이 많은 아이라면 그림을 그리고, 등에 있는 가시를 다양한 재료를 활용해 붙이면서 재미있게 놀 수 있어요. 해바라기 씨앗 껍질을 버리지 말고 모아서 즐거운 시간을 만들어 봐요.

🍎 준비물

해바라기 씨앗 껍질, 스케치북,
목공풀, 가위, 색연필

142

1 스케치북에 색연필로 고슴도치를 그려요.
상상하며 그리기 힘들어 한다면 책에 나오는
고슴도치의 모습을 보여 줍니다.

2 아이가 그린 고슴도치의 등 부분에 목공풀을
칠해요.

3 풀칠한 부분에 해바라기
씨앗 껍질을 일정한
간격에 맞춰 붙여요.

4 그리고 싶은 그림을 추가해서 그리고
색칠해요.

5 아이만의 고슴도치 그림이 완성됐어요.
해바라기 씨앗 껍질의 안쪽이 보이게
해서(뒤집어서) 고슴도치에게 리본을 달아
줬어요.

6 다양한 고슴도치
그림을 그리며 놀아요.

 놀이장점 뾰족뾰족 가시가 달린 고슴도치는 아이들에게 신비로운 존재입니다. 해바라기
씨앗 껍질을 활용하면 신비로움을 상상하고 느끼며 놀이할 수 있어요.

1

지점토를 뭉쳐 고슴도치 몸통을 만들어요.

2

해바라기씨앗 껍질을 지점토에 꽂아
가시를 표현하고, 눈알 장식을 붙여요.

3

지점토로 만든 고슴도치와 스케치북에
그린 고슴도치를 비교해 봐요.

4

지점토가 마르면 색연필이나 물감으로
색칠해요.

 여러 재료를 혼합해서 사용하면 다채로운 경험과 창의력 발달에
도움을 주며 만들기를 더욱 흥미롭게 할 수 있어요.

06 황금 들판을 지키는 허수아비

소나무 숲길에서 만난 낙엽으로 황금 들판을 표현하고, 색종이로 간단하게 허수아비를 만들어 봐요. 가을 들판을 지켜 주는 허수아비 이야기를 하면서 놀이할 수 있습니다. 지금은 비록 허수아비를 쉽게 볼 수 없지만 시골 마을에서나 동화책에서 봤던 모습을 상상해 볼 수 있을 거예요. 허수아비가 나오는《오즈의 마법사》책을 읽고 놀이를 하면 아이들이 더욱 재미있어 합니다. 아이와 함께 동화책도 읽고 놀이도 하면서 친밀감을 쌓는 시간을 만들어요.

준비물

소나무 낙엽, 스티로폼 뚜껑(아이스박스 뚜껑), 송곳, 색종이, 나무(커피스틱), 가위, 풀, 색연필, 테이프

146

1 색종이에 허수아비 얼굴과 옷을 그려요.

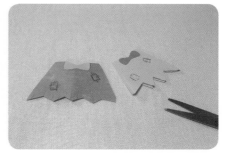

2 허수아비 얼굴과 옷을 가위로 오려요.

Tip 허수아비 옷은 색종이를 접어 접힌 부분을 위로 하고 목 부분은 자르고, 어깨 부분은 연결된 상태로 두 겹으로 만들어요.

3 커피스틱 나무를 +(십자)모양으로 만든 후 테이프로 붙여 고정시켜요.

Tip 커피스틱 나무가 없다면 나무젓가락으로 만들어도 좋아요.

4 두 겹으로 만든 허수아비 옷을 펼쳐서 나무 윗부분에 끼워 입히고 얼굴은 테이프로 붙여요.

5 허수아비를 빙글빙글 돌리며 놀이해도 좋아요.

6 스티로폼 뚜껑 안쪽에 송곳으로 뚫어 작은 구멍을 여러 개 만들어요.

7 소나무 낙엽을 구멍 속에 끼워 넣어 고정시켜요.

Tip 소나무 낙엽을 끼우기 전에 만져 보며 관찰하는 시간을 가져요.

8 허수아비를 스티로폼 뚜껑에 꽂으면 허수아비가 서 있는 들판이 완성돼요.

놀이장점 옛날 농촌의 모습과 논과 밭이 있는 시골의 풍경을 상상할 수 있습니다. 시골 여행을 떠나서 허수아비를 만난다면 놀이 경험을 떠올릴 수 있습니다.

★응용놀이★ 장난감 빗자루 만들기

1

소나무 낙엽을 한쪽으로 가지런히 모아요.

2

가지런히 모아 놓은 쪽에 고무줄로 묶어

고정시켜요.

♥엄마찬스♥ 고무줄 묶는 건 엄마가 도와주세요.

3

소나무 낙엽 묶음 가운데 부분에

나무젓가락을 끼워요.

4

소나무 낙엽 잎으로 만든 빗자루가

완성됐어요.

놀이장점 소나무 낙엽으로 만든 빗자루를 가지고
놀며 아이의 상상력을 자극시킬 수 있어요. 빗자루를 보
고 떠오르는 이야기를 나눠도 좋습니다.

07 3층 가을나무

울긋불긋 예쁜 가을의 풍경 속에서 하나둘 떨어지는 나뭇잎을 보면 한 해가 저물어 가고 있음이 느껴집니다. 아쉬운 마음에 아이와 산책을 하며 나뭇잎을 주워 와 가을나무를 만들어 봤어요. 간단하고 쉽게 가을나무를 만들면서 나뭇잎이 떨어지는 이유와 다가오는 겨울에 대해 이야기해 봐요. 나뭇잎으로 만든 가을나무를 선반 위에 두고 보면서 나뭇잎의 변화를 관찰해도 좋아요.

준비물

여러 가지 낙엽, 휴지심지,
양면테이프, 가위

※ 나뭇잎은 모양과 색이 다른 것으로
   다양하게 준비해요. 나뭇잎을 주울
   때는 깨끗한지 앞, 뒷면을 잘 살펴보고
   주워요.

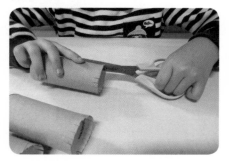

1 3층 나무로 만들려면 휴지심지 3개가 필요합니다. 휴지심지의 윗부분을 길이 1㎝, 간격도 1㎝ 정도로 잘라요.

2 자른 부분의 안쪽에 양면테이프를 붙여요.

3 자른 부분을 바깥쪽으로 살짝 접고 나뭇잎을 붙여요. 나뭇잎이 다른 색(노란색, 주황색)이 오도록 번갈아 가며 붙이는 게 더욱 예뻐요.

Tip 나뭇잎을 붙이기 전 나뭇잎을 만지며 관찰해요.

4 3개의 휴지심지에 모두 낙엽을 붙이면 알록달록 멋진 나무가 완성돼요.

 놀이장점 자연물로 촉감 놀이를 하며 계절의 변화를 느낄 수 있어요.

5 낙엽을 붙인 휴지심지를 모두 모으면 예쁜
   나뭇잎꽃다발이 완성돼요.

6 위로 쌓으며 휴지심지를 끼워요.

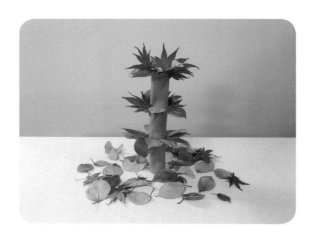

7 알록달록 멋진 3층
   가을나무가 완성됐어요.

8 나무와 주변에 낙엽을 뿌리며
   가을을 만끽해요.

1

펀치로 나뭇잎을 뚫어 구멍을 만들어요.
여러 장의 나뭇잎을 뚫어 준비합니다.

2

나뭇잎에 뚫은 구멍으로 줄줄이 실을
끼워요.

♥놀이장점 펀치를 활용해 나뭇잎에 구멍을 만드
는 활동은 아이들의 놀이를 더욱 흥미롭게 만들고, 새로운
활동을 통해 집중하며 놀이할 수 있습니다.

3

나뭇잎을 끼운 실을 돌리며 놀거나 목걸이
만들기 또는 집안 장식을 하며 놀이해요.

4

선반 위에 올려놓고 시간이 지나면서
나뭇잎이 어떻게 변하는지 관찰해요.

♥놀이장점 나뭇잎의 변화를 관찰할 수 있고 호기
심을 키워 줍니다. 마른 나뭇잎과 마르지 않은 나뭇잎을
비교하며 새로운 표현을 할 수 있는 시간이 됩니다.

153

추석 밤 던지기 놀이

아이들은 추석을 무척 기다립니다. 추석에 예쁜 한복을 입는 것도 좋아하고 오랜만에 사촌형제들을 만난다는 생각에 설레어 합니다. 오랜만에 만난 사촌들과 추석날 함께할 수 있는 놀이를 소개해요. 가을 열매인 밤을 활용해 놀이판을 만들고, 아이들 스스로 규칙을 만들어서 놀이해요. 놀면서 추석의 의미를 되새겨 보고 감사의 마음을 나누는 시간을 만들어요.

준비물

밤, 목공풀, 과일상자, 양면테이프,
플라스틱 용기, 작은 선물

1 추석에 쉽게 구할 수 있는 과일상자를
준비해요.

2 상자를 뒤집은 후 목공풀을 이용해 밤을
붙여요. 양면테이프로 붙여도 좋아요.

TiP 목공풀을 너무 많이 바르면 마르는 시간이 오래
걸립니다.

3 양면테이프를 이용해 상자에 플라스틱
용기를 붙여요.

4 밤을 양면테이프로 곳곳에 붙여 장해물을
만들어요.

5 밤 던지기 놀이를 위한 미션판이
완성됐습니다. 목공풀이 마를 때까지
기다려요.

6 놀이판에 점수를 붙여서 밤 던지기 놀이를
해요. 선물을 미리 준비하면 아이들이 더욱
신나게 놀 수 있어요.

7 아이들 스스로 규칙을 만들게 합니다. 밤을 던져 골인하면 골인한 밤을 모아 개수를 세도 좋고, 점수판을 만들어 점수를 합산해도 좋아요.

놀이장점 아이들이 TV나 스마트폰을 보기보다는 놀이판을 만들어 놀다 보면 가족들과 함께 유익하고 즐거운 추억을 쌓을 수 있습니다.

★응용놀이1★ 밤 제기차기

1 밤을 에어캡(뽁뽁이)에 감싸 고무줄로 묶어요.

2 에어캡을 가위로 길게 잘라요.

3 밤으로 만든 제기가 완성됐습니다. 제기차기를 하거나 놀이판에 던져 골인하며 놀 수 있어요.

밤 쪽정이 숟가락

1 밤 쪽정이의 뾰족한 부분을 조금 잘라 줘요.
손으로 뜯어 줘도 좋고 집에서 만든다면
가위를 사용해도 좋아요.

2 나무의 끝부분을 사선으로 자르거나
뾰족하게 만들어요.

3 나무를 밤 쪽정이 자른 부분에 꽂아요.

4 여러 가지 모양과 길이의 밤 쪽정이 숟가락이
완성됐어요.

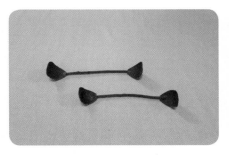

5 나뭇가지에 밤 쪽정이를 양쪽에 끼워
상상하며 놀이해도 좋아요.

6 소꿉놀이나 모래놀이 도구로 사용해도
좋아요.

Winter

Part4

겨울

추위도 두렵지 않은 방구석놀이

01 스키 타는 눈사람

겨울에 눈이 오는 날이면 아이들은 눈사람을 만들러 나자고 재촉합니다. 눈이 오지 않는다고 실망할 필요는 없어요. 눈 없이도 집에서 눈사람을 만들 수 있어요. 아이들은 동전을 넣고 돌리면 장난감이 나오는 뽑기 놀이를 무척 좋아하죠. 저희 집에서는 특별한 날에만 하는 걸로 약속돼 있어요. 특별한 날에 뽑기를 하고, 장난감이 들어 있던 캡슐통을 재활용해서 눈사람을 만들어 볼게요.

🍎🐰 준비물

둥근 캡슐통, 빨대, 화장지, 가위,
글루건, 플라스틱 작은 숟가락,
플라스틱 과일꽂이, 네임펜

1 캡슐통을 열어 분리한 후 화장지를 채워 넣어요. 눈사람 한 개를 만들기 위해서는 두 개의 캡슐통이 필요해요.

2 휴지를 넣은 캡슐통을 닫아요.

3 캡슐통 두 개를 글루건으로 붙여요. 글루건 사용은 항상 주의해서 사용해요.

4 캡슐통 두 개를 떨어지지 않게 30초 이상 누르고 잘 붙을 때까지 기다려요.

5 네임펜으로 눈, 코, 입, 망토를 그려 눈사람을 표현해요.

6 양쪽 옆부분에 글루건으로 이쑤시개를 붙여 팔을 만들고, 밑부분에도 글루건을 붙여요.

7 작은 숟가락 두 개를 나란히 붙여 스키를 타는 눈사람을 표현해요.

Tip 완전히 붙을 때까지 30초 정도 누르면서 기다려요.

8 가위로 빨대를 작게 잘라 모자, 머리핀 등 액세서리를 만들어요.

9 빨대로 만든 액세서리를 글루건으로 붙여 눈사람을 꾸며 주면 귀여운 눈사람이 완성돼요. 아이가 남자 눈사람과 여자 눈사람을 만들었다고 하네요.

놀이장점 가위질을 하면서 가위 사용 능력을 기를 수 있어요. 집중력과 소근육 발달에도 도움이 됩니다.

10 '흰 눈 사이로 썰매를 타고' 동요를 부르며 자유롭게 놀아요.

TiP 캡슐통을 사용하지 않고 숟가락에 원형자석을 붙여서 사용해도 좋아요.

스키로 사용한 플라스틱 숟가락에 원형자석(동전자석)을 글루건으로 붙여요. 숟가락에 글루건으로 캡슐통을 붙이고 원형자석도 붙여요. 그러면 썰매 끌기 도구가 완성돼요.

눈사람 썰매를 끌어 주며 놀이해요.

 아이들은 눈을 무척이나 기다리지만 기후 변화로 겨울에도 눈이 내리는 날이 많지 않습니다. 진짜 눈사람은 아니지만 눈을 간접적으로 경험하며 상상력을 자극시켜 줍니다.

02 밀가루 물감으로 쓱쓱

눈처럼 하얀 밀가루를 가지고 놀이해 봐요. 밀가루와 물감을 섞으며 신나게 반죽 놀이를 하고, 밀가루 물감으로 입체감 있는 그림을 그릴 수 있어요. 밀가루를 꺼낸 김에 다양한 놀이를 하면서 즐거운 시간을 가져 봐요. 밀가루로 아주 훌륭한 촉감 놀이를 할 수 있습니다.

🍎 준비물

물감, 밀가루, 물, 플라스틱 숟가락, 플라스틱 통 3~4개, 스케치북, 검정도화지

164

1 밀가루를 플라스틱 통에 담아요. 3가지 색을
사용하려고 플라스틱 통도 3개를 준비했어요.

Tip 통은 색점토가 들어 있던 통을 사용했어요. 아이들이
점토 놀이 후 남은 통을 버리지 않고 활용하면 좋아요.

2 밀가루를 담은 통에 각각 아이가 원하는 색의
물감을 넣어요.

♥엄마찬스♥ 아이가 적당량의 물감을 짤 수 있도록 도와
주세요.

3 2번에 물을 넣어요. 물과 밀가루의 비율에
따라 농도가 달라집니다. 조금 걸쭉한 느낌을
원하면 밀가루를 더 많이 넣어요.

4 골고루 섞이도록 여러 번 저으면 밀가루
물감이 완성됩니다.

놀이장점 여러 물질의 혼합을 경험하며 이해할 수 있어요.

5 플라스틱 숟가락으로 밀가루 물감을 떠서
스케치북에 마음껏 그려요.

Tip 밀가루 물감을 약병에 넣어서 그리면 조금 더 쉽게
그릴 수 있어요.

6 원하는 색의 밀가루 물감이 없다면 물감을
조금씩 짜서 사용해도 좋아요.

7 아이가 원하는 그림이 완성됐어요.

8 7번 그림에 밀가루를 솔솔 뿌리면 하늘에서 눈이 오는 것처럼 표현돼요.

놀이장점 식재료를 활용한 놀이 경험과 부드러운 밀가루를 만지며 촉감 놀이를 할 수 있어요.

9 아이가 그린 그림에 눈이 내렸어요. 시간이 지나면 그림이 어떻게 되는지 관찰해요.

놀이장점 이런 놀이 과정을 통해 관찰력을 기르며 기억력 향상에 도움이 됩니다.

★응용놀이★ 밀가루를 활용한 다양한 놀이

1

숟가락으로 밀가루를 떠서 검정도화지에 옮기며 놀아요.

2

손으로 밀가루를 만지면서 촉감 놀이를 해요.

숟가락으로 이름을 쓰거나 그림을 그리며
놀아요. 손으로 직접 그리거나 써도 돼요.

플라스틱 통을 가운데 두고 밀가루를 통
주변에 모았다가 통만 빼 봐요.

밀가루에 손도장 찍기 놀이를 해요.

밀가루에 아이의 손도장이 찍혔어요.

플라스틱 통을 굴려서 모양을 만들어요.
눈이 내린 도로처럼 됐어요.

통을 콕콕 찍으며 동그라미 모양을 만드는
등 밀가루로 다양하게 놀 수 있어요.

167

03 모닥불이 피어올라요

추운 겨울날 모닥불을 떠올리면 자연스레 따뜻한 느낌이 드는데요. 바깥 놀이를 할 때 나뭇가지를 주워 온 아이가 특별한 작품을 만들었어요. 나뭇가지를 작게 부러트리고 스케치북에 목공풀로 붙이더니 "엄마 땔감이야. 불을 붙여 주세요." 합니다. 초를 활용해 모닥불의 불을 표현하고, 밤하늘의 별도 표현하며 다양한 겨울 놀이를 해 봐요.

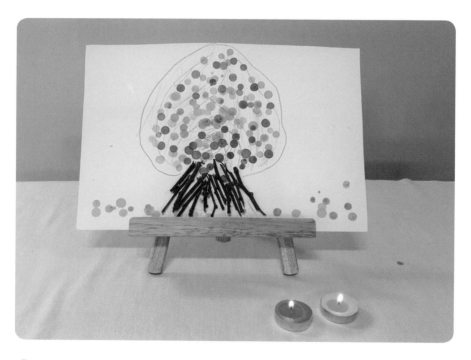

🍎 준비물

나뭇가지, 목공풀, 스케치북,
생일초, 성냥

1 나뭇가지를 부러트려 작게 만들어요.

2 스케치북 아랫부분에 목공풀을 짜 줍니다.

3 작게 자른 나무는 모닥불을 피울 때처럼 모양을 만들어 붙여요.

 놀이장점 나무(자연물)를 만지면서 나무의 특색에 대해 알 수 있어요.

4 초에 불을 붙여 촛농을 나무가 붙여진 부분 위에 떨어트려요.

♥엄마찬스♥ 불을 켜는 놀이는 엄마와 있을 때만 하기로 아이와 반드시 약속합니다.

5 여러 색의 초를 사용하고, 빨간색 초를 더 많이 활용하면 불이 피어오르는 모습을 더 실감나게 표현할 수 있어요.

6 색연필로 불을 표현해도 좋아요. 아이만의 멋진 작품이 완성됐습니다.

 놀이장점 촛불 놀이는 아이들이 굉장히 좋아하는 놀이입니다. 밖에 나갈 수 없는 상황에 아이가 나가 자고 조를 때 촛불 놀이를 해 봐요. 아이의 마음을 차분하 게 만들고, 이야기를 나누다 보면 아이의 속마음도 알 수 있어요.

촛농 만들기

향초 두 개를 준비해 불을 붙여요.

생일초에 불 붙이기 놀이를 해요. 다른 초에
불을 옮겨 붙여요.

놀이장점 촛불이 꺼지지 않고 유지되기 위해 어
떤 조건들이 필요한지 이해할 수 있어요.

촛농이 생기면 어느 정도 모았다가 스케치북에
떨어트리기 놀이를 해요.

촛농이 생길 때까지 기다리면서 촛불을
관찰해요.

놀이장점 촛농을 관찰하며 촛농이 생기는 이유
와 초의 형태 변화를 알 수 있어요.

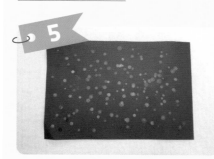

검정도화지에 촛농을 떨어트려 밤하늘의
별을 표현해 봐요.

플라스틱 투명 통에 물을 담아요. 이때 폭이 넓은 통을 사용하는 게 좋아요.

초를 켜고 촛농이 물에 떨어지는 것을 관찰해요.

초를 물에 담가 불 끄기 놀이를 해요.

물에 떨어진 촛농을 만져 보고 관찰해요.

촛농을 물에서 건져 키친타월에 올려놓아요.

물에 떨어졌던 촛농을 관찰해요.

놀이장점 촛농의 느낌과 초의 형태 변화를 알 수 있고 아이의 호기심을 충족시켜 줍니다.

04 플레이콘이 눈처럼 스르륵 녹아요

놀이를 자유롭게 할 수 있는 환경을 만들어 주었더니 아이의 호기심은 날마다 자라 스스로 발견하는 놀이가 많아집니다. 플레이콘을 물에 녹이면서 소리를 발견하고, 색의 변화를 관찰하고 흔들어 봅니다. 하얀 눈이 물에서 스르륵 녹는 것처럼 플레이콘도 물에서 스르륵 녹아요. 이 놀이는 플레이콘으로 만든 아이의 작품이 있다면 충분히 전시하고 난 이후에 재활용해서 놀이하면 좋아요.

준비물

플레이콘, 페트병 또는 투명
플라스틱 통, 물, 나무젓가락

1 먼저 플레이콘을 만져 보고 탐색하는 시간을 가져요.

2 플레이콘을 투명 플라스틱 통에 색깔별로 구분해서 넣어요.

3 2번 플라스틱 통에 물을 넣어요.

4 플레이콘이 어떻게 변하는지 관찰해요.

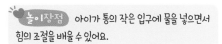 놀이장점 아이가 통의 작은 입구에 물을 넣으면서 힘의 조절을 배울 수 있어요.

5 나무젓가락으로 저어 주면 플레이콘이 더 잘 녹고, 주스를 직접 만드는 기분도 느낄 수 있어요.

Tip 레몬주스, 당근주스 등 색깔에 맞는 이름을 달며 상상놀이를 해요.

놀이장점 플레이콘이 물에 녹으면서 사라지는 것을 관찰하며 물질과 형태의 변화에 대해 알 수 있어요.

6 플라스틱 통의 뚜껑을 닫고 흔들어 봐요.

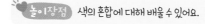

7 귀에 통을 대 보면 독특한 소리가 들려요. 아이가 파도치는 소리, 비가 떨어지는 소리(빗소리)라고 이야기합니다.

Tip 페트병에 비눗물이나 물을 담아 흔들면서 소리를 들어 보고, 플레이콘을 녹인 물과 어떻게 다른지 비교해 봐요. 확실한 차이를 알 수 있어요.

8 색을 섞어 혼합 놀이를 해요.

놀이장점 색의 혼합에 대해 배울 수 있어요.

플레이콘으로 아이가 만들고 싶은 것이 있다면 자유롭게 만들게 해 줘요.

플레이콘을 자르고, 납작하게 눌러서 열매가 달린 나무와 예쁜 꽃을 만들었어요.

플레이콘에 물을 살짝 묻히면 잘 붙어서 쉽게 무엇이든 만들 수 있어요.

종이컵에 플레이콘을
붙이며 다양한 작품을
만들어 봐요.

05 귀여운 눈사람과 트리

12월이 오면 곳곳에 크리스마스트리 장식은 아이의 마음을 설레게 합니다. 하얀 눈이 내려 준다면 더없이 좋겠지요. 아이들의 마음을 설레게 하는 크리스마스트리와 귀여운 눈사람을 스티로폼으로 간단하게 만들 수 있어요. 스티로폼은 따로 구입하기보다는 떡이나 채소 등을 샀을 때 담겨 있던 용기를 버리지 않고, 깨끗이 씻은 후 말려서 사용하면 좋아요.

준비물

스티로폼 용기 4~5개, 가위, 스티커,
주름빨대, 테이프

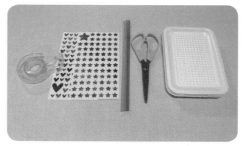

1 스티로폼 용기 뒷면에 가위 끝부분으로
트리와 눈사람을 그려요.

TiP 가위로 누르면 자국이 생기기 때문에 그림을 그릴
수 있어요. 색연필이나 연필로 그려도 좋아요.

2 트리와 눈사람 그림을 가위로 오려요.

♥엄마찬스♥ 모서리 부분을 자를 때는 엄마가 도와주세요.

놀이장점 가위로 그림을 그리면 가위를 자를 때만 사용하는 것이 아니라 다른 용도로도 사용할 수 있다는 것을 알게
됩니다. 이런 과정은 창의력 향상에 도움이 됩니다.

3 스티커를 붙여 눈사람과 트리를 꾸며요.
유성매직으로 색칠해도 좋아요.

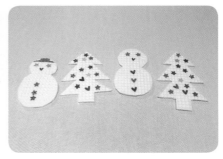

4 같은 방법으로 눈사람과 트리를 여러 개
만들어요.

TiP 빨대로 트리 곳곳에 구멍을 뚫어 꾸며도 예뻐요.

5 빨대의 주름 부분을 가운데 오게 해서 길이를 맞춘 후 가위로 잘라요. 뒷면 하단에 테이프로 붙여 고정시켜요.

6 뒷면의 주름빨대가 'ㄴ'자가 되게 해서 트리와 눈사람을 세워 주면 완성.

 놀이장점 간단하게 만든 크리스마스트리와 눈사람으로 크리스마스 분위기를 연출할 수 있어요. 선반 위에 올려놓고 장식해도 좋아요.

★응용놀이★ **이렇게도 놀 수 있어요!**

1

뒷면 하단에 빨대를 붙이지 않고
이쑤시개를 반으로 잘라 트리와 눈사람
밑면에 꽂아요.

♥엄마찬스♥ 스티로폼의 밑면이 좁기 때문에 이쑤시
개를 꽂을 때는 엄마가 도와주세요.

2

아이스크림 뚜껑이나 다른 스티로폼
용기에 꽂아 세워요. 이쑤시개를 꽂으면서
구멍을 만드는 것만으로도 아이는
재미있어 합니다.

3

빨대로 스티로폼 용기를 뚫어요. 뚫으면서
나온 작은 스티로폼 조각을 눈이라고
상상하며 놀이해요.

4

'펄펄 눈이 옵니다' 동요를 부르며 작은
스티로폼 조각을 뿌리며 놀아요.

 빨대로 스티로폼 용기를 뚫으면서 손에 힘을 키우며
집중력을 향상시킬 수 있어요.

179

06 반짝반짝 크리스마스트리

아이들은 크리스마스 선물을 받을 생각에 12월 25일이 오기만을 손꼽아 기다립니다. 크리스마스를 기다리는 아이들과 휴지심지에 색종이를 붙인 후 반짝이줄을 감싸 멋진 크리스마스트리를 만들었어요. 아이가 직접 만든 크리스마스트리를 집에 장식하며 가족 모두 행복한 시간을 가져 봐요.

🍎 준비물

휴지심지(여러 개), 반짝이줄, 색종이,
뽕뽕이(솜방울), 가위, 풀, 송곳, 글루건,
털실, 테이프

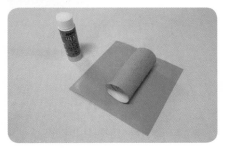

1 휴지심지에 색종이를 감싸 붙여요.

2 휴지심지를 감싸고 남은 양쪽 부분의
색종이를 여러 곳 자르고 휴지심지 안쪽으로
접어 붙여요.

3 양쪽 끝부분을 송곳으로 뚫어 구멍을
만들어요.

♥엄마찬스♥ 송곳은 항상 주의해서 사용해요. 끝부분이라
구멍 뚫기가 쉽지 않기 때문에 엄마가 도와주세요.

4 휴지심지 구멍에 반짝이줄을 안쪽으로
조금만 끼우고 구부려 고정시켜요. 구부려
고정시킨 부분에 테이프를 붙여도 좋아요.

5 반짝이줄을 3~4번 휴지심지에 말아 반대쪽
구멍에 끼워 구부려 고정시켜요. 반짝이 줄은
크기에 맞게 잘라 사용합니다. 휴지심지에
반짝이줄을 4번 감았을 때 길이는 60cm 정도
됩니다.

6 흰색털실을 휴지심지에 끼우고 묶어 뽕뽕이를 붙여 꾸며요.

7 같은 방법으로 여러 개를 만들어요. 11개를 벽에 붙이면 크리스마스트리가 완성돼요.

8 트리 장식을 가지고 자유롭게 놀이합니다.

9 세워서 쌓기 놀이를 해도 좋아요.

10 벽면에 밑에서부터 세로로 1개, 가로로 4개, 3개, 2개, 1개를 위로 배열한 후 털실 부분을 테이프로 붙여 트리 모양으로 꾸며요. 위에서부터 붙여도 좋아요.

 놀이장점 휴지심지를 활용해 다양한 놀잇감을 만들면서 재활용품의 쓰임에 대해 생각해 볼 수 있어요. 휴지심지뿐만 아니라 다른 재활용품으로 만든 작품도 아이의 창의력 향상에 도움을 주며 고정관념에서 자유로워집니다.

★응용놀이★ 이렇게도 놀 수 있어요!

휴지심지를 세로로 세워
탑 쌓기 놀이를 해요.

휴지심지를 여러 개 세워 놓고, 하나를
굴려서 볼링 놀이를 해요.

휴지심지로 만든 반짝이 장식을 트리에
꾸며도 좋아요.

스케치북이나 도화지를 하트 모양으로
자르고 반짝이줄을 가장자리에
양면테이프로 붙여 장식해요.

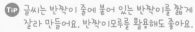 글씨는 반짝이 줄에 붙어 있는 반짝이를 짧게
잘라 만들어요. 반짝이모루를 활용해도 좋아요.

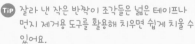 잘라 낸 작은 반짝이 조각들은 넓은 테이프나
먼지 제거용 도구를 활용해 치우면 쉽게 치울 수
있어요.

07 딸랑딸랑 작은 방울

메추리알판을 이용해 성탄의 기쁨을 알리는 작은 방울을 만들었어요. 크리스마스트리에 장식하거나 방울을 갖고 자유롭게 놀아도 좋아요. '종소리 울려라' 동요를 부르며 신나게 놀이합니다. 날씨는 춥지만 마음은 따뜻한 겨울을 보낼 수 있게 성탄의 기쁨을 이야기하며 사랑으로 채워지는 시간이 되기를 바랍니다.

🍎🐰 준비물

플라스틱 메추리알판,
반짝이모루, 가위, 작은 방울,
송곳

184

1 메추리알판을 사용할 개수만큼 잘라요.

2 메추리알판의 가운데 부분을 송곳으로 뚫어요.

♥엄마찬스♥ 송곳 사용은 항상 주의해야 하므로 메추리 알판을 뚫을 때는 엄마가 도와주세요.

3 반짝이모루를 잘라 방울을 끼우고 가운데 부분을 접어서 두 줄로 만들어요.

Tip 반짝이 모루를 두 줄로 만들어 사용하면 양쪽 모양이 같은 트리나 하트 등을 쉽게 만들 수 있어요.

4 방울을 끼운 반짝이모루를 구멍 안쪽에서 바깥쪽으로 끼워요.

5 반짝이 모루를 구겨 별, 트리, 하트 등 원하는 모양으로 만들어요. 남은 부분은 가위로 자르고 끝부분은 꼬아 연결시켜요.

♥엄마찬스♥ 반짝이모루를 끝부분끼리 연결시키는 건 아 이가 하기 쉽지 않아요. 처음에는 엄마가 해 주세요.

6 메추리알 밑부분에 바깥쪽은 양면테이프를 크기에 맞게 잘라 붙여요.

7 6번에 반짝이모루를 붙여 꾸며요.

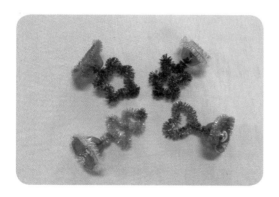

8 같은 방법으로 별, 트리, 하트 등 여러 개를 만들면 작고 예쁜 종이 완성돼요.

9 종을 흔들며 종소리에 맞춰 노래를 부르면서 놀아요.

 모루는 쉽게 구부릴 수 있어 아이들이 스스로 원하는 모양을 만들 수 있어요. 처음에는 단순하게 만들다가 소근육이 발달되면 정교한 것들도 만들 수 있게 됩니다.

★응용놀이★ 모루와 방울을 활용한 놀이

1

모루와 방울을 활용해 아이가 원하는 대로 다양한 모양을 만들어요.

2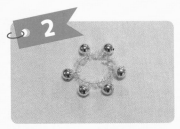

반짝이모루에 방울을 끼워 동그랗게 만들면 소리 나는 장난감이 돼요. 놀이 후에는 크리스마스트리 장식으로 활용해요.

3

방울과 뿅뿅이(솜방울)를 활용해 크리스마스 장식을 만들어요.

4

인형의 목에 달아 인형 방울을 만들 수 있어요.

5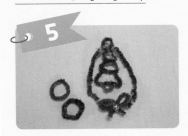

모루로 트리 모양이 있는 종을 만들어 크리스마스 장식을 해요.

6

메추리알판에 방울이나 작은 구슬 장난감을 옮겨 담기 놀이를 해요.

Tip 놀이용 집게나 핀을 활용해 놀아도 좋아요.

 놀이장점 소근육 발달 및 집중력 향상에 도움을 주며 공간 개념을 이해할 수 있어요.

정월대보름 뱅글뱅글 쥐불놀이

쥐불놀이는 정월대보름 전날 밤에 하던 전통놀이에요. 농부들이 들판에 쥐불을 놓아 쥐를 쫓고 해충의 피해를 방지하기 위해 하던 민속놀이입니다. 직접 불을 집혀서 놀이할수는 없지만 집에 있는 페트병과 불빛 나는 장난감을 활용해 쥐불놀이 도구를 만들고, 전통놀이에 대해 이야기하는 시간도 가져 봐요.

준비물

500㎖ 페트병, 불빛장난감 또는 LED 작은 전구, 가위, 칼, 테이프, 끈, 솔방울

188

1 페트병 중간 정도에 칼집을 내요.

♥엄마찬스♥ 칼 사용은 항상 주의해서 사용하고, 엄마가 도와주세요.

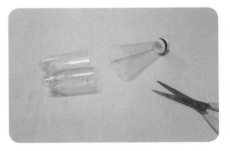

2 칼집을 낸 후 나머지 부분은 가위로 잘라요. 아랫부분을 사용할 거예요.

TiP 잘라 낸 페트병의 윗부분을 활용해 물놀이 도구, 모래놀이 도구 등 다른 놀잇감을 만들 수 있어요.

3 자른 페트병 바깥 부분에 테이프를 붙이고, 안쪽으로 접어(테이프를 감싸) 붙여요.

TiP 테이프를 붙이면 좀 더 안전하게 놀 수 있어요.

4 송곳으로 페트병에 구멍을 여러 곳 뚫어요.

TiP 쥐불놀이는 불을 피우기 때문에 불에 녹지 않는 깡통에 구멍을 내서 만들지만, 지금은 불을 피워 쥐불놀이를 할 수 없기 때문에 페트병을 활용한다고 이야기해 주세요.

5 구멍이 뚫린 곳에 송곳을 넣고 망치질하며 놀아요.

TiP 쥐불놀이를 위해 깡통에 직접 못을 대고 망치질해서 구멍을 뚫어야 한다는 이야기를 해 주면 아이들이 더욱 흥미롭게 놀 수 있어요. '왜 깡통에 구멍을 만들었을까?' 퀴즈를 내도 좋아요.

놀이장점 아이들이 옛날 풍속에 대해 상상해 보고, 왜 지금은 쥐불놀이를 하지 않는지 이야기하며 환경의 변화를 생각해 볼 수 있어요.

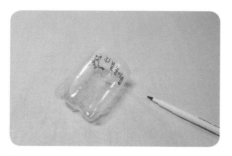

6 네임펜으로 그림을 그리거나 글씨를 써서 꾸며요.

7 끈 길이는 아이의 팔 길이보다 짧게 끈을 달면 쥐불놀이 도구가 완성돼요.

8 같은 방법으로 하나 더 만들어요.

9 페트병 안에 솔방울과 불빛이 나는 장난감을 넣어요.

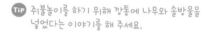 쥐불놀이를 하기 위해 깡통에 나무와 솔방울을 넣었다는 이야기를 해 주세요.

10 아이가 돌리면 불빛이 뱅글뱅글 원을 그리며 돌아갑니다.

♥엄마찬스♥ 쥐불놀이 도구를 돌리다가 옆에 있는 가족이 맞지 않도록 주의하라고 지도해 주세요.

 쥐불놀이 도구를 돌리면서 원운동을 경험하며 과학의 원리를 어렴풋이 배울 수 있어요. 뱅글뱅글 돌아갈 때는 통 안에 넣은 불빛장난감이 떨어지지 않지만 멈출 때는 떨어지는 것을 경험하면서 왜 물건이 떨어지지 않다가 속도를 줄일 때는 떨어지는지 호기심을 갖게 됩니다.

1 라이스페이퍼에 쥐불놀이 불빛과 깡통 그림을 그려요. 스케치북에 라이스페이퍼 그림과 연결해서 쥐불놀이하는 아이 모습을 그리고 색칠해요.

Tip 쥐불놀이하는 그림을 상상하며 그려요. 그림이나 사진 자료를 활용해도 좋아요.

2 라이스페이퍼 가운데 부분에 테이프를 붙여요.

Tip 테이프를 붙여야 송곳으로 구멍을 뚫었을 때 라이스페이퍼가 갈라지지 않아요.

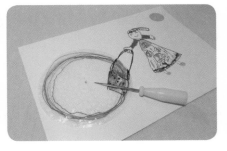

3 테이프를 붙인 부분에 송곳으로 구멍을 뚫어요.

4 스케치북에 그린 그림과 맞게 연결해서 구멍을 뚫어요.

5 할핀을 구멍에 끼워요. 라이스페이퍼를 활용한 쥐불놀이 불빛 표현이 완성됐어요.

6 라이스페이퍼를 돌리면서 불빛을 상상하며 놀이해요.

All the year round

Part 5

봄 여름
가을 겨울

사계절 내내 즐거운 놀이

01 행복을 담은 케이크 꽃가방

케이크 상자를 조금 변형해서 만든 가방이에요. 아이의 취향에 따라 꾸미면 더욱 멋진 가방으로 변신합니다. 가방의 특징을 찾아 이름도 지어 봐요. 저희는 '행복을 담은 꽃가방'으로 이름을 지었어요. 케이크 상자를 조금 변형했을 뿐인데 새로운 놀잇감이 완성됐어요.

준비물

케이크 상자, 색종이, 테이프,
가위, 풀

194

1 케이크 상자의 입구와 손잡이 부분의 종이를 가위로 잘라요.

Tip 자른 손잡이 부분의 종이는 재활용합니다.

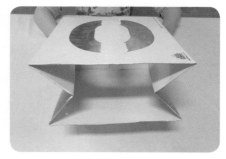

2 상자의 옆부분을 안쪽으로 접어요.

3 자른 손잡이 종이를 입구 부분에 테이프로 붙이면 가방 모양이 완성됩니다.

4 색종이를 접어서 꽃 모양이 되도록 오려요. 색종이를 동그랗게 오려 가운데 부분에 붙여 꽃을 더욱 예쁘게 만들어요. (196p 참고)

5 케이크 상자에 꽃을 붙이며 아이가 원하는 대로 꾸며요.

Tip 꾸미지 않고 그대로 가지고 놀아도 좋아요.

6 꽃가방 완성! 역할놀이나 시장 놀이를 하며 마음껏 놀아요.

★응용놀이★ 색종이로 꽃 만들기

색종이로 꽃 모양을 만들며 놀이해요. 꽃 모양 색종이를 후 불어 날려 보기, 꽃들을 겹쳐 다양한 꽃 만들기, 색칠해서 더 예쁜 꽃 만들기 등 만든 꽃으로 다양한 놀이를 해 봐요. 색종이만으로도 즐겁게 놀이할 수 있어요.

1

색종이를 반으로 접어요.

접은 색종이를 다시 반으로 접어요.

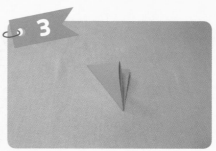

반으로 접은 색종이를 세모 모양이 되게
반으로 접어요.

접은 색종이의 넓은 쪽에 색연필로 꽃잎을
그려요.

색종이에 그린 모양대로 가위로 잘라요.

Tip 자른 모양에 따라 꽃 모양이 결정됩니다.
다양하게 잘라 봐요.

놀이장점 가위질과 색종이 접기는 눈과 손의 협
응력을 키울 수 있어요. 또한 손을 사용하는 활동은 두뇌
발달을 돕고 집중력을 높일 수 있어요.

펼치면 색종이로 만든 꽃이 완성돼요.

Tip 색종이를 작게 잘라 사용하면 작은 꽃을 만들 수
있습니다. 크기도 다양하게 만들어 봐요.

02 매니큐어로 놀이와 실험을 동시에

한동안 매니큐어 바르기에 빠진 아이와 스티로폼 용기를 활용해 매니큐어를 칠해 보았어요. 스티로폼에 매니큐어를 바른 부분이 거품이 생기더니 녹아 버렸어요. 매니큐어의 독성이 스티로폼을 녹인다는 사실을 알고 무척 놀랐습니다. '어린이용으로 나온 매니큐어는 과연 괜찮을까?'라는 의문이 생겨서 어린이용 매니큐어로 칠해 보았더니 다행히 스티로폼이 녹지 않았어요. 이렇게 놀다 보면 새롭게 알아 가는 것들이 많아져요.

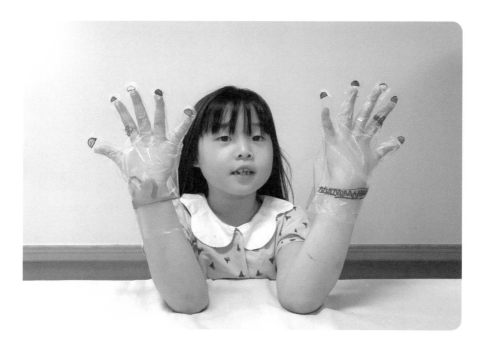

준비물

매니큐어(어른용, 어린이용 둘 다),
어린이용 비닐장갑, 스티로폼 용기,
네임펜 ＊ 매니큐어에 어른용이라고 적혀
있지 않아요. 어린이용이 아닌 매니큐어를
뜻합니다.

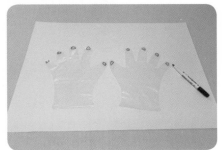

1 비닐장갑을 펼치고 네임펜으로 손톱 모양을 그려요.

Tip 스케치북에 아이 손을 대고 그려서 놀이해도 좋아요.

2 아이가 원하는 색깔의 매니큐어를 바르며 놀아요.

Tip 어린이용 매니큐어를 사용해요.

3 예쁜 색깔의 매니큐어를 칠한 비닐장갑 손이 완성됐어요.

4 매니큐어로 비닐장갑에 팔찌, 반지를 그리며 놀아요.

5 양쪽 모두 아이가 자유롭게 액세서리를
그리며 꾸며요.

6 비닐장갑을 끼고 마치 자신의 손에
매니큐어를 바른 듯한 기분을 느껴요.

 매니큐어로 놀이하면서 네일아트를
체험할 수 있어요.

★응용놀이★ **매니큐어로 실험하기**

1

스티로폼 용기 두 개에 어린이용과

어른용 매니큐어를 각각 준비해요.

2

스티로폼 용기에 어린이용과 어른용

매니큐어를 각각 여러 곳에 칠해요.

Tip 한곳에 3~4번 덧칠해요.

3분 정도 지났을 때 스티로폼이 어떻게
변하는지 관찰해요.

Tip 환기가 잘 되도록 창문을 열고 실험해요.

어른용 매니큐어를 칠한 스티로폼입니다.
보글보글 거품이 생기는 것을 관찰할 수
있어요.

어린이용 매니큐어를 칠한 스티로폼은
거품이 생기지 않았어요.

시간이 좀 더 지나자 어른용 매니큐어를
칠한 스티로폼 용기에 구멍이 생겼습니다.

스티로폼 용기를 뒤집어서 관찰해 보면
차이를 분명히 알 수 있어요. 어린이용
매니큐어를 칠한 스티로폼은 구멍이 나지
않았어요.

 실험을 통해 관찰력과 호기심을 기를
수 있어요.

03 개성 넘치는
아이만의 특별한 책

물티슈 뚜껑을 세워서 펼치면 마치 책 모양 같아요. A4용지를 접어 미니북을 만들어도 좋지만, 물티슈 뚜껑을 활용하면 개성 넘치는 아이만의 특별한 책을 만들 수 있어요. 그림을 그리고 책을 만들어 놀면 아이만의 행복한 이야기가 펼쳐집니다. 그림책을 좋아하는 아이와 함께 만들어 봐요.

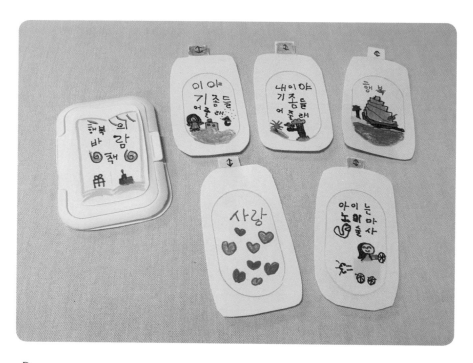

🍎 준비물

물티슈 뚜껑, 네임펜, 색연필,
가위, 도화지, 양면테이프, 빨대

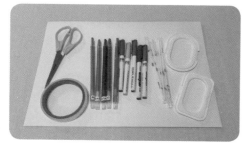

202

1 도화지에 물티슈 뚜껑을 대고 5~6개 따라 그려요.

2 옆부분(옆면)은 대고 그린 크기보다 더 작게 자르고, 윗부분은 손잡이로 사용할 부분이므로 여유 있게 잘라요.

3 자른 종이 한 개는 밑받침으로 사용하고, 그림을 그릴 종이는 2번과 같이 5~6개를 준비해요.

> **Tip** 밑받침으로 사용할 종이 한 개는 1번에서 그린 크기대로 잘라서 사용해요. 그림을 그릴 5~6개 종이는 옆면을 조금 작게 잘라요.

4 밑받침으로 쓸 종이 세 군데에 양면테이프를 붙이고 크기에 맞게 빨대를 잘라 붙여요. 윗부분은 그림을 끼울 거라 빨대를 붙이지 않아요.

> **놀이장점** 왜 빨대를 붙여 공간을 만드는지 호기심을 갖으며 공간 개념을 알 수 있어요.

5 물티슈 뚜껑에 4번에 빨대를 붙인 부분을 덮어 붙여요.

6 아이가 그리고 싶은 그림을 마음껏 그리게 해요. 책 제목도 지어 봐요.

> **Tip** 표지 그림 1장, 내지 그림 5~6장을 그려요.

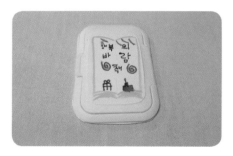

7 표지 그림을 물티슈 뚜껑 위에 붙여요. 아이가 책 제목을 '행복의 바람'으로 지었어요.

8 물티슈 뚜껑을 활용한 아이만의 특별한 미니북(그림책)이 완성됐어요.

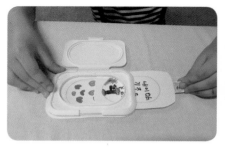

9 그림을 윗부분에 끼웠다 뺐다 할 수 있어요.

10 아이만의 이야기를 만들어 엄마에게 들려주며 놀아요.

 놀이장점 아이는 꼬마 작가가 되어 마음껏 상상력을 펼치며 이야기를 만듭니다. 이 과정에서 아이의 마음을 알 수 있고, 아이는 언어 표현력이 발달합니다.

★응용놀이★ 휴대전화 만들기

색종이에 물티슈 뚜껑을 대고 따라 그려요.

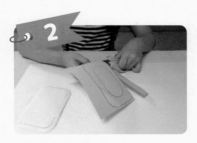

그린 부분을 가위로 잘라요.

끝부분 네 군데 모두 양면테이프를 붙여요.

물티슈 뚜껑을 붙여요.

뚜껑 안쪽 색종이 부분에 휴대전화처럼
숫자를 써요.

색종이를 이용해 뚜껑 앞면을 자유롭게
꾸며요.

아이만의 휴대전화가 완성됐어요.

 아이가 놀이하면서 스마트폰과 휴대전화의 차이를 이해할 수 있어요. 스마트폰을 지나치게 많이 사용
하면 왜 좋지 않은지 자연스럽게 이야기해 주면 목적에 맞게 스마트폰을 사용할 수 있도록 도와줍니다.

예) 시력 저하, 신체 변형(거북목), 뇌 발달에 좋지 않은 영향을 주고, 다른 활동에 집중력이 떨
어지고, 일상에서 해야 할 일을 하지 못하면 균형 있는 삶을 살지 못한다 등 (아이의 발달 수
준에 맞게 이야기해 주세요.)

04 재미있는 라이스페이퍼 그림

유통기한이 지난 라이스페이퍼가 있어 그림 놀이로 활용해 봤어요. 무엇을 그리는지 알 수 없는 어린아이들도 재미있게 그림을 그릴 수 있어요. 종이와 다른 촉감을 느끼면서 그림을 그리고, 좋아하는 그림을 따라 그려도 좋아요. 라이스페이퍼를 활용한 놀이는 훌륭한 촉감 놀이가 됩니다.

 준비물

라이스페이퍼, 네임펜

1 라이스페이퍼를 만져 보고 관찰한 후에
라이스페이퍼에 그림을 그려요.

> TiP 라이스페이퍼 양면의 촉감이 각각 다릅니다. 조금
> 거친 면과 매끄러운(부드러운) 면이 있어요. 차이를
> 이야기해 보고 양쪽 면에 그림을 그려 보며 어느
> 쪽에 그리면 좋을지 아이와 상의해요.

2 라이스페이퍼를 얼굴이라 생각하고 다양한
표정을 그리면서 여러 감정에 대해 이야기해
봐요.

> 놀이장점 사람은 누구나 여러 감정을 느끼고, 감
> 정을 표현할 수 있습니다. 어떻게 표현하는지에 따라
> 결과가 달라지고, 다른 사람의 감정을 존중하며 친절하
> 게 표현해야 한다는 것을 알려 주세요. 나와 다른 사람
> 의 감정에 대해 자연스럽게 알 수 있어요.

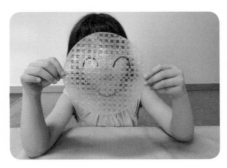

3 라이스페이퍼를 얼굴에 대고 엄마 얼굴이
보이는지 관찰해요.

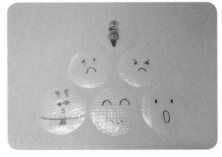

4 그린 그림을 펼쳐 놓고 아이와 이야기를
나눠요.

5 표정 외에도 아이가 좋아하는 동물이나 음식 등을 마음껏 그리며 놀아요.

6 그림책에 나오는 그림 중 따라 그리고 싶은 게 있다면 그 부분에 라이스페이퍼를 올려놓고 따라 그려요.

7 6번에서 그린 그림을 색칠해요.

8 책의 그림과 따라 그린 그림을 비교하며 관찰해요.

★응용놀이★ 라이스페이퍼로 실험하기

라이스페이퍼에 그린
그림을 물에 담그면
어떻게 될까요?

접시에 그림을 그린
라이스페이퍼를 올려놓고 물을
부어요. 라이스페이퍼가 어떻게
되는지, 그림은 어떻게 변화는지
관찰해요. 그림의 색깔이 흐려지는
것을 알 수 있어요.

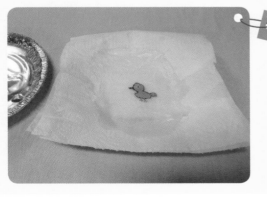

물에 젖은 라이스페이퍼를
키친타월에 조심스럽게 옮겨요.
라이스페이퍼가 마르는 과정을
관찰할 수 있어요.

05

소소하지만 특별한
병뚜껑 숫자 놀이

우리가 무심코 버리는 페트병 뚜껑도 아이들에게는 좋은 놀잇감이 됩니다. 아이가 원하는 모양을 만들거나 병뚜껑을 늘어놓고 숫자 놀이도 할 수 있어요. 어린아이라면 놀면서 숫자를 배울 수 있는 시간이 되겠죠? 뚜껑 멀리 보내기, 뚜껑 알까기 놀이도 재미있어요. 별거 아닌 놀이지만 엄마와 아이가 함께하는 특별한 시간이 됩니다.

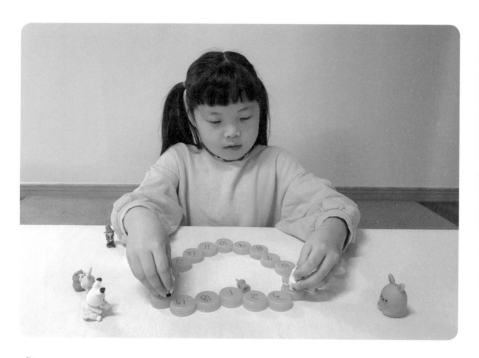

병뚜껑 20개, 네임펜

1 병뚜껑에 1~20까지 숫자를 씁니다.

TiP 모양을 그리거나 한글이나 알파벳을 써도 좋아요.

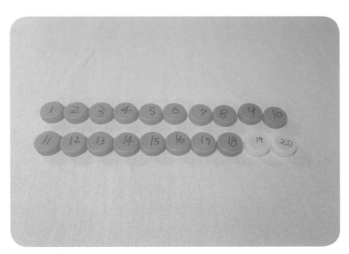

2 숫자를 쓰고 아이와 함께 세어 보며 순서대로 놓아요.

3 숫자를 순서대로 배열하거나 더하기 놀이, 10 만들기 놀이 등도
할 수 있어요.

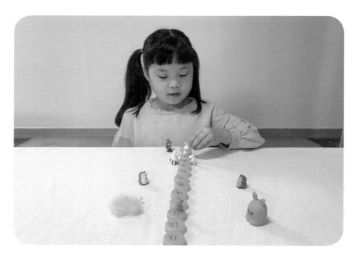

4 작은 인형을 가져와 뚜껑을 징검다리 삼아 놀이해요. 예를
들어 엄마와 아이가 인형을 하나씩 정해서 양쪽 끝에서 출발.
가위바위보를 해서 이긴 사람의 인형이 앞으로 한 칸 가기 등 게임
규칙을 만들어 놀아요.

 놀이장점 아이가 원하는 대로 놀면서 새로운 규칙을 스스로 만들 수 있습니다.

★응용놀이★ 뚜껑을 이용한 놀이

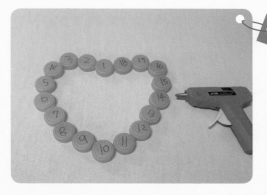

1

병뚜껑을 하트 모양으로
만든 후 글루건으로 붙이면
하트가 만들어져요.

2

엄마는 아이에게, 아이는 엄마에게
사랑한다고 말해 주세요.

놀이장점 엄마와 마음을 나누는
시간을 통해 아이는 정서적 안정감을
느낄 수 있어요.

3

아이만의 재미있는 놀이가
펼쳐집니다. 작은 인형들과
놀이하는 아이 모습이 동화 속의
한 장면 같이 느껴집니다.

06 하늘을 날려면 연료 충전이 필요해요

물약병 용기를 활용해 아이가 좋아하는 비행기를 뚝딱 만들어 봐요. 물감 물을 활용해 연료 충전 놀이도 하고, 종이상자를 활용해 활주로를 만들면 아이는 다양한 놀이를 펼칩니다. 비행기를 좋아하는 아이라면 비행기 책을 가져와 놀이해도 좋아요. 평소에 약병을 버리지 말고 씻어서 말린 후 재활용품을 보관하는 곳에 따로 모아 두면 언제든 놀이를 할 수 있어요. 비행기에 연료 충전도 하고, 아이의 행복도 충전해 봐요.

준비물

물약병, 색종이, 가위, 테이프, 넓은 테이프, 물감 물을 담은 약병

214

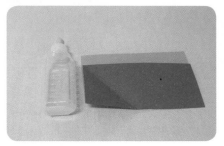

1 약병 크기에 맞게 색종이를 접어 직각
삼각형의 날개 모양을 만들어요.

Tip 색종이를 접어서 사용하면 한번에 2개를 동시에
만들 수 있어요.

2 접은 부분을 가위로 잘라 비행기 날개를
만들어요.

3 넓은 테이프에 자른 색종이를 간격을 넓게
두고 붙여요.(사진 참고)

4 색종이의 양면(앞, 뒷면)에 넓은 테이프를
붙여 코팅 효과를 줘요.

Tip 코팅 효과를 주면 물이 묻어도 찢어지지 않아요.

5 색종이를 약병의 양쪽에 붙여 비행기 날개를
만들어요.

6 약병 비행기가 완성되면 물감 물을 담은
약병을 준비해요.

7 비행기에 물감 물을 옮겨 담아 비행기 연료
충전 놀이를 합니다.

> Tip 아이는 "슝~ 약병 비행기가 하늘을 날려면
> 연료 충전이 필요해."라고 말하며 더욱 재미있게
> 놀이합니다.

8 연료 충전이 끝난 비행기를 가지고 자유롭게
놀이합니다.

★응용놀이1★ 염색 놀이

뚜껑이 연결된 상자(예를 들어 피자 상자,
떡 상자 등) 안쪽에 키친타월을 깔아요.

약병에 담겨 있는 물감 물을 짜며
키친타월 염색 놀이를 해요.

216

★응용놀이 2★ 활주로 놀이

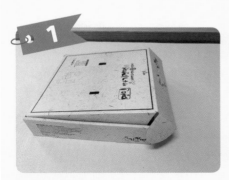

뚜껑이 연결된 상자를 준비해요.

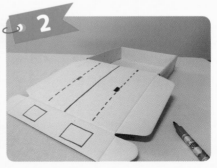

뚜껑을 열고 유성매직으로 활주로를
그려요.

활주로 위를 달리는 비행기를 연상하며
놀이해요.

입으로 후 불어 비행기를 움직이며
놀아요.

놀이장점) 놀이를 통해 상상 속의 비행기조종사가 되어 놀이할 수 있어요.

07 끈달린 스피너가 빙그르르

우유갑으로 빙글빙글 돌아가는 놀잇감을 만들었어요. 끈을 달고 손으로 치면 끈이 꼬였다가 풀리면서 빙그르르 돌아가요. 돌아가는 모습이 스피너와 비슷해서 아이에게 끈 달린 스피너라고 했지요. 공중에서 돌아가는 팽이 같기도 합니다. 아이와 함께 만들면서 아이의 상상력을 가동시켜 볼까요?

우유갑, 색종이, 가위, 풀, 테이프,
양면테이프, 송곳, 끈, 빨대

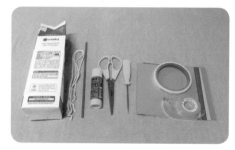

218

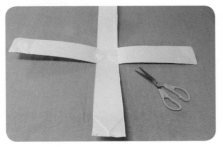

1 우유갑 4면의 모서리를 길게 잘라요.

TiP 200ml 우유갑을 활용하면 더 쉽게 접을 수 있어요.

2 자른 부분을 밑면에 닿게 해서 접어요. 우유갑의 하얀 부분이 나오게 접습니다.

3 접어서 겹쳐지는 부분만 남기고 나머지는 잘라요.

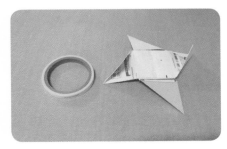

4 겹쳐지는 안쪽에 양면테이프를 붙여 벌어지지 않게 고정시켜요.

5 바깥 부분에 테이프를 붙여 벌어지지 않게 고정시켜요.

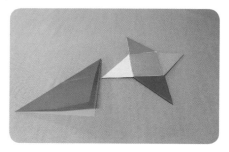

6 색종이를 세모가 되게 반으로 접고 크기에 맞게 잘라서 우유갑 모든 면에 붙여요.

7 가운데 부분을 송곳으로 뚫어 구멍을 만들어요.

♥엄마찬스♥ 송곳 사용은 언제나 주의해야 하므로 엄마 가 도와주세요.

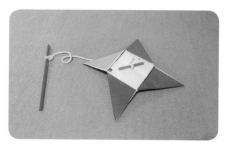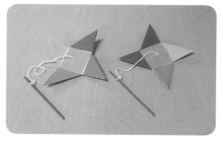

8 빨대에 끈을 달아 손잡이를 만들고 반대쪽 끈을 구멍에 끼우고 끈이 빠지지 않게 빨대에 묶어 연결시켜요.

9 끈이 달린 스피너가 완성됐어요. 같은 방법으로 한 개를 더 만들어요.

 쉽게 구할 수 있는 재료로 놀잇감을 뚝 딱 만들면서 즐거운 놀이 경험이 쌓이 고 성취감을 느낄 수 있어요.

10 손으로 쳐서 빙글빙글 돌리며 누가 더 빠르게 돌리는지 시합해요.

 끈에 달린 스피너를 통해 무게 중심을 경험하며 놀이할 수 있어요.

★응용놀이★ 반짝이는 별

1

스피너와 같은 모양을
만들어 끈을 달지 않고
스티커로 꾸며 별을
만들어요. 멀리 날리기
놀이를 해도 좋아요.

Tip 4개의 뾰족한 부분을 접어 끼우면 우유갑으로 만든 딱지가 돼요.

2

2개를 겹쳐서 또 다른 별 모양을 만들어요.
야광스티커를 붙인 후 불을 끄고 놀면 색다른 재미를
줘요.

08 흔들흔들 머리 긴 인형

휴지심지에 종이를 감싸 만든 머리 긴 인형이에요. 아이들이 좋아하는 그림책《뭔가 특별한 아저씨》를 읽고 놀이로 연결해 보았어요. 여러분도 재미와 감동을 주는《뭔가 특별한 아저씨》를 읽어 보길 권해요. 소아암에 걸린 아이를 위해 머리카락을 기르며 사랑을 실천하는 다정 아저씨처럼 마음이 따뜻한 아이로 자라길 바라는 엄마의 소망을 담아 봅니다.

준비물

휴지심지, 색연필, A4용지, 가위, 풀

1 휴지심지를 감쌀 수 있는 크기로 A4용지를 잘라요.

2 자른 A4용지에 풀을 붙여 휴지심지에 감싸 붙여요.

3 2번과 같은 방법으로 여러 개를 만들어요.

4 색연필로 눈, 코, 입을 그려요.

TiP 다양한 표정으로 눈, 코, 입을 그리면 표정 놀이를 할 수 있어요.

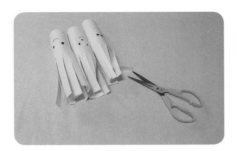

5 A4용지만 있는 위쪽 부분은 길게 잘라 머리카락을 표현해요. 종이 폭은 사진보다 좁게 잘라도 괜찮습니다.

6 머리카락이 쪽쪽 뻗은 머리 긴 인형이 완성됐어요.

7 6번을 가지고 흔들흔들 머리를 날리며 마음껏 놀아요.

8 머리카락 자르기 놀이를 해요.

9 자른 부분을 앞으로 접으면 또 다른 머리 모양이 됩니다.

10 인형의 앞머리도 만들어 줄 수 있어요.

11 아랫부분에 색연필로 멋진 옷을 표현해도 좋아요.

12 색연필을 휴지심지에 끼워 돌리면서 노는 등 자유롭게 놀아요.

키친타월심지에 키친타월을 붙이고
색연필로 선긋기 놀이를 해요.

가위로 길쭉하게 자르기 놀이를 해요.

돌돌 말아 머리에 올려 보고, 빗자루처럼
쓰고, 입으로 후후 불면서 마음껏 놀아요.

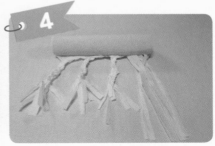

머리땋기 놀이도 할 수 있어요.

 놀이장점 같은 재료로 여러 가지 놀이 경험을 할 수 있어요. 머리카락 자르는 걸 싫어하는 아이가
있다면 키친타월이 긴 머리카락이 되어 자르기, 헤어스타일 바꾸기 놀이 등 다양한 놀
이를 하면서 두려운 마음을 줄이고, 미용실에 대한 친근함을 가질 수 있어요.

225

09 반짝반짝 빛나는 전구

전구 모양은 아이디어를 표현하는 상징처럼 그림책이나 여러 곳에 사용됩니다. 아이가 어느 날 전구를 들고 다니며 "생각났다. 생각났다." 그러면서 놀이하더라고요. 아이의 생각대로 빛나는 놀잇감을 만들었어요. 대형문구점에 가면 플라스틱 전구 모양 통을 판매합니다. 사지 않고 다양한 플라스틱 통을 이용해 만들어도 좋아요. 반짝반짝 빛나는 전구를 만들다 보면 아이의 생각도 반짝반짝 빛날 거예요.

준비물

전구 모양 플라스틱 통,
야광스티커, 끈, 테이프, 비즈,
LED 작은 전구

226

1 전구 모양 플라스틱 통에
야광스티커를 붙여요.
야광스티커가 없다면 그림을
그리거나 다른 스티커를
활용해도 좋아요.

2 플라스틱 통에 비즈를 넣은 후
흔들면 소리가 나요.

Tip 비즈는 아이가 직접 만든 팔찌,
목걸이 등을 재활용하거나 사용하고
남은 비즈를 활용해요.

3 뚜껑에 끈을 테이프로 붙여
손잡이를 만들어요.

Tip 뚜껑이 날카롭다면 테이프로 감싸
붙여요.

4 LED작은 전구의 스위치를
켜서(on 상태로) 병 입구에
끼워요. 사진처럼 LED작은
전구는 입구에 딱 맞게
걸쳐집니다.

5 뚜껑을 돌려 닫으면 반짝반짝
빛나는 놀잇감이 완성돼요.

6 완성된 놀잇감을 자유롭게 갖고
놀아요.

🔹**놀이장점** 아이의 생각대로 만든
놀잇감은 세상에 없는 유일한 것으로써 성
취감과 함께 자아존중감이 높아집니다.

1

불을 끄고 캄캄한 곳에서 그림자 놀이를 하면 또 다른 놀이가 펼쳐집니다. 플라스틱 통에 붙인 스티커 모양의 그림자가 생기면서 아이들의 상상력을 자극합니다.

2

플라스틱 병 입구에 입으로 후 불어 소리를 들어 봐요.

3

전구 모양이 아닌 페트병 같은 다양한 플라스틱 병을 활용해서 만들어도 좋아요.

4

그림책 《엄마가 달려갈게》를 읽고 놀이를 활용해 봐요. 책 속에 다양한 전구 그림이 나와요.

10 콕콕 뽁뽁이 찍기

뽁뽁이와 휴지심지를 활용해 간단하게 할 수 있는 찍기 놀이에요. 뽁뽁이를 돌돌 말아 마이크도 만들어 보고 아이와 함께 찍기 놀이도 해 봐요. 물감 놀이는 아이들이 언제나 좋아하는 놀이이기 때문에 아이의 함박웃음을 볼 수 있는 시간입니다. 지나면 다시 오지 않는 아이의 어린시절을 즐거운 시간으로 채워 봐요.

🍎🐰 **준비물**

휴지심지, 뽁뽁이(에어캡), 테이프, 물감,
플라스틱 용기, 가위, 스케치북

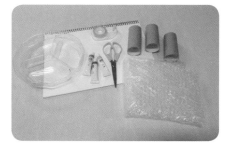

1 뽁뽁이를 가로 25cm 정도, 세로 20cm 정도 크기로 잘라요.

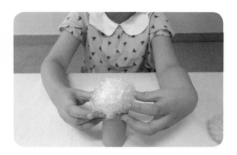

2 뽁뽁이를 돌돌 말아 휴지심지에 끼워요.

3 테이프를 붙여 뽁뽁이와 휴지심지를 단단하게 고정시켜요.

4 같은 방법으로 여러 개를 만들어요. 뽁뽁이를 활용한 찍기 도구가 완성됐어요.

5 물감을 칸이 나눠져 있는 플라스틱 용기에 짜 줍니다.

Tip 아이가 적당량의 물감을 짜면서 조절 능력을 키울 수 있어요.

231

6 뽁뽁이 찍기 도구에 물감을 묻혀요.

7 스케치북에 마음껏 콕콕 찍으며 놀이해요.

8 다양한 색으로 콕콕 찍어 멋진 작품을 완성해요.

★응용놀이1★ 마이크 만들기

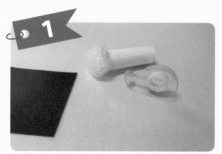

뽁뽁이를 돌돌 말아 휴지심지 한쪽에 붙여요.

휴지심지 부분을 검정색 색종이로 감싸 붙이면 마이크가 완성돼요.

★응용놀이 2★ 붓처럼 사용해 보기

1

물감에 분무기를 뿌려 물을 조금 섞어요.

2

스케치북에 뽁뽁이를 콕콕 찍기도 하고,
쓱쓱 붓처럼 사용하며 그림을 그려요.

3

색연필로 그리고 싶은 그림을 추가해서
멋진 소나무 숲을 표현했어요.

4

뽁뽁이 찍기 도구를 이용해 다양한 그림을
마음껏 그려 봐요.

 놀이장점 뽁뽁이를 활용해 물감 놀이를 하면 새로운 미술 기법을 경험하고
더욱 흥미롭게 물감 놀이를 할 수 있어요.

233

11 스파게티 면발 꽂기

스파게티 면발을 만지며 촉감 놀이를 하고, 페트병을 활용해 끼우고 빼기 놀이를 해요. 페트병에 송곳으로 뚫어 주기만 하면 되는 간단한 방법이에요. 스파게티 면처럼 음식 재료를 활용한 놀이는 아이에게 다양한 놀이 경험이 돼서 사물을 새로운 시각으로 바라볼 수 있도록 도와줍니다.

🍎 준비물

페트병 500㎖, 송곳, 스파게티 면,
스티로폼 공 또는 작은 장난감 공

1 송곳으로 페트병에 구멍을 여러 곳 뚫어 줘요. 구멍이 많을수록 재미있게 놀 수 있어요.

♥엄마찬스♥ 송곳은 언제나 주의해서 사용하도록 지도하거나 엄마가 도와주세요.

 구멍을 뚫으면서 힘의 강약을 조절하는 능력과 조심성이 생깁니다.

2 스파게티 면을 구멍에 다양한 각도로 끼우며(꽂으며) 놀아요.

3 면을 다 끼우면 스티로폼 공을 병 입구에 넣어요. 공이 면에 걸려 밑으로 떨어지지 않으면 성공.

Tip 작은 장난감 공이 있다면 활용해도 좋아요.

4 면을 빼면서 공을 떨어트리며 놀이해요.

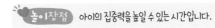 아이의 집중력을 높일 수 있는 시간입니다.

구멍 뚫린 페트병으로 물놀이하기

페트병에 구멍이 뚫려 있기 때문에 물을

가득 채우기가 쉽지 않아요.

Tip 어떻게 하면 페트병에 물을 가득 채울 수 있는지
아이 스스로 방법을 찾아보게 합니다. 아이
스스로 방법을 터득했다면 크게 칭찬해 주세요.

구멍 뚫린 페트병에 물을 가득 채우기

위해 손으로 막아 보고 물을 세게

틀어 담아 보기도 하면서 시행착오를

경험합니다.

구멍 뚫린 페트병에 물을 가득 채우기

위해서는 페트병을 물에 통째로 담가 주면

된다는 것을 아이 스스로 발견합니다.

페트병에 물을 가득 채우면 물줄기가

세져서 더 재미있게 놀 수 있어요.

★응용놀이2★ 투호 놀이

1

면발 끝에 글루건으로 비즈를 붙여요.

Tip 비즈를 앞쪽에 붙여 무게감이 있게 해서 투호 놀이를 할 때 사용합니다.

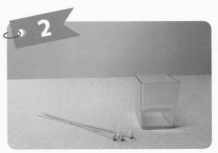

2

플라스틱 통과 비즈를 끼운 스파게티 면발이 준비됐습니다.

3

플라스틱 통에 면발을 던지며 투호 놀이를 해요.

Tip 처음에는 가까운 거리에 배치하고 두 번째는 조금 더 멀게 거리를 조정하며 놀이해요.

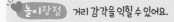

놀이장점 거리 감각을 익힐 수 있어요.

★응용놀이3★ 패턴 놀이

1

면발에 비즈를 끼우며 놀아요. 규칙을 정해 패턴을 만들어도 좋아요.

12 요정 친구가 찾아왔어요

저는 가끔 몹시 피곤한 날이면 요정 친구가 찾아와 하루 종일 우리 아이와 놀아 주면 좋겠다는 생각을 해요. 엄마의 간절한 소망을 담아 요정 친구를 만들어 보기로 했습니다. 아이들은 마치 진짜 요정이 찾아온 것처럼 기뻐하며 즐겁게 놀이합니다. "엄마! 나비 같기도 하고, 요정 같기도 하다. 나는 요정이라고 불러야지" 하며 아이는 로켓 놀이로 이어 갑니다. 아이와 놀아 준다고 거창하게 생각할 필요 없어요. 간단히 제안해 주고, 아이 스스로 놀이를 발전시켜 나가도록 기회를 줍니다.

준비물

종이컵, 비닐봉지, 볼풀공, 칼,
유성매직, 고무줄

238

1 비닐봉지에 볼풀공을 넣고 고무줄로 묶어요.

Tip 볼풀공이 없다면 스티로폼 공을 활용해도 좋아요.

2 종이컵의 밑면을 '-'자 모양으로 칼집을 내고 양쪽 옆에도 'l'자 모양으로 칼집을 내요.

♥엄마찬스♥ 칼을 사용할 때는 항상 주의해야 함을 알려 주고, 아직 어린아이라면 엄마가 도와주세요.

3 종이컵 밑변에 칼집 낸 부분으로 볼풀공을 넣은 비닐봉지를 끼워요.

4 종이컵 옆면에 칼집 낸 부분으로 비닐을 조금 빼서 날개를 만들어요.

Tip 날개 모양이 아닌 팔 모양으로도 만들 수 있어요.

5 남은 부분의 비닐은 종이컵 안쪽으로 넣어
보이지 않게 해요.

6 날개가 생긴 요정 모습이 완성됐습니다.

7 눈, 코, 입을 그리고 몸통 부분을 마음껏 꾸며 요정을 완성합니다.
같은 방법으로 하나 더 만들어요.

 동화책에서 만날 수 있는 요정을 직접 만들어 놀다 보면
아이의 상상력 발달에 도움이 됩니다.

요정으로 쌓기 놀이를 해요.

종이컵 안쪽에 넣은 비닐을 빼서 모자로 쓰고 놀아요.

13 지점토로 숫자 놀이

지점토를 길게 밀어 숫자를 만들 수 있어요. 지점토로 만든 숫자를 연필로 콕콕 찍으면 모양도 생기지만 지점토의 말랑말랑함이 더욱 재미있게 느껴져요. 눈 위를 걸으면 뽀드득 소리가 나고 신발 자국이 남는 것처럼 '지점토 위를 걸으면 어떤 느낌이 들까?' 상상하며 놀이해 봐요. 하얀 눈이 오는 날이나, 눈을 기다리는 날 해도 좋습니다.

🍓🐰 준비물

지점토, 연필, 색연필, 사인펜 등
다양하게 준비

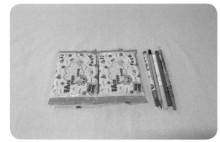

 **놀이 시작**

1 적당량의 지점토를 떼어 조물조물 뭉쳐요.

2 바닥에 지점토를 놓아두고 손으로 밀어 길게 만들어요.

3 길게 만든 지점토를 구부려 숫자 모양을 만들어요.

4 앞에서 한 것처럼 지점토로 1부터 10까지 만들어요.

 놀이장점 손을 활용하는 놀이는 소근육이 발달됩니다.

5 만든 지점토 숫자에 연필로 콕콕 찍으며 놀아요.

 놀이장점 연필로 지점토를 찍으면서 새로운 촉감을 느끼며 집중력 향상에도 도움이 됩니다.

6 1부터 10까지 연필로 콕콕 찍었더니 느낌이 다른 지점토 숫자가 완성됐습니다.

7 지점토를 작게 잘라 손바닥으로 동글동글 굴려서 점 모양을 만듭니다.

8 숫자만큼 지점토로 만든 하얀 점을 아래에 놓아요.

9 어린아이라면 지점토로 숫자 놀이를 재미있게 할 수 있어요.

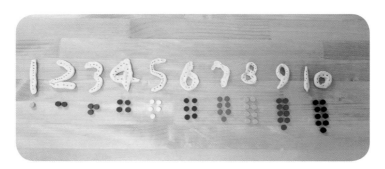

10 지점토로 만든 하얀 점 대신 10번 가베를 활용해도 좋아요.

★ 응용놀이11 ★ 지점토 케이크

1

숫자 놀이가
끝나면 지점토를
한곳에 모아요.

2

지점토를 다시 뭉쳐서
아이가 원하는 모양의
케이크를 만들어요.

3

맨 위에 장식은 딸기를 만들어 장식했어요.
딸기는 사인펜으로 칠해서 꾸몄어요. 케이크에
색종이를 깔면 예쁜 접시가 되어 더욱 예쁜
케이크가 완성됩니다.

★응용놀이 2★ 여러 모양 찍기 놀이

1

지점토 위에 여러 모양의 도구를
활용해 찍기 놀이를 해요. 색연필,
유성매직, 사인펜, 색연필 등을
활용했어요.

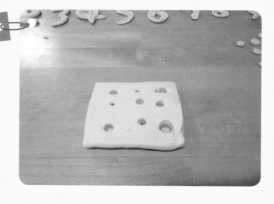

2

찍기에 활용한 도구를
빼 내어 찍혀 있는
모양을 관찰해요.

3

작은 인형을 가져와 구멍에 넣으며
놀이합니다. 눈 밭에 숨은 토끼를
표현했어요.

1

지점토를 손으로 밀어 길게 만든 후 아이가 좋아하는 그림을 표현해요.

Tip 지점토 만들기 도구를 활용해도 좋아요.

2

지점토가 어느 정도 마르면 스케치북에 목공풀로 붙이고 마를 때까지 기다립니다.

3

지점토까지 다 마르면 그 위에 색연필로 색칠해요.

놀이장점 마른 지점토 위에 색칠할 때도 느낌이 재미있어요. 콕콕 찍을 때도 재밌지만 지점토 위에 색칠할 때도 색다른 느낌과 소리가 나면서 더욱 흥미롭게 채색할 수 있어요.

14 비닐토끼야 함께 놀자

놀이공원이나 사람이 많이 모이는 행사장에 가면 솜사탕을 파는 광경을 볼 수 있는데요. 요즘엔 솜사탕을 다양한 동물 모양으로 만들어 아이들의 시선을 끌곤 합니다. 얼마 전 공원에서 보았던 솜사탕토끼를 추억하며 비닐장갑으로 토끼를 만들어 봤어요. 솜사탕을 먹는 시늉을 하거나 비닐토끼를 활용한 놀이를 스스로 찾아보게 합니다.

🍎 준비물

비닐장갑, 빨대, 작은 고무줄, 테이프,
가위, 눈스티커, 네임펜

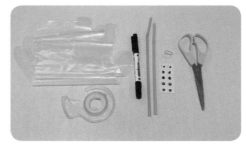

1 비닐장갑을 불어 밑부분을 붙잡고 바람이
빠지지 않도록 해요.

2 비닐장갑의 손가락 1, 2, 5번째는 밑으로 접고
3, 4번째로 토끼 귀를 표현해요.

♥엄마찬스♥ 아이가 귀 모양을 만들기 쉽지 않아요. 엄
마가 도와주세요.

3 밑부분을 돌돌 말아 잡고 작은
고무줄로 바람이 빠지지 않도록
묶어요.

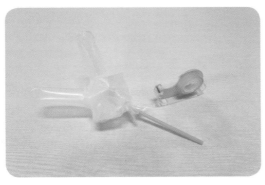

4 밑부분에 비닐은 조금만 남겨서
자르고, 빨대를 끼워 테이프로
단단히 고정시켜요.

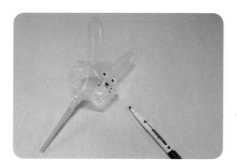 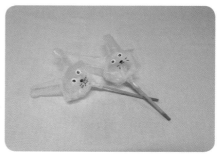

5 비닐 부분에 눈, 코, 입을 그려 토끼의 얼굴을 만들어요. 눈스티커가 있다면 활용해도 좋아요.

6 빨대에 색연필을 꽂으면 토끼색연필이 완성돼요.

놀이장점 아이가 놀면서 아이디어를 생각해 냅니다. 놀다 보면 스스로 발견하고 융합하는 것들이 많아집니다.

7 토끼색연필로 스케치북에 그림을 그리며 놀아요.

★응용놀이★ 이렇게도 놀 수 있어요!

1

부러진 색연필과 연필깎이를
준비해요.

Tip 아이가 부러트린 색연필을 버리지
말고 모아서 놀이에 활용해요.

2

색연필을 연필깎이에
넣고 돌려 색연필 가루를
만들어요.

3

손으로 만지며 촉감 놀이를
하고, 아이가 표현하고 싶은 것을
자유롭게 하도록 합니다.

Tip 색연필 가루 위에 종이호일을 깔고
다리미를 사용하면 색연필 가루가
녹아서 멋진 작품이 만들어져요.

15 높이높이 휴지심지 탑을 쌓아 보자

모아 둔 휴지심지를 꺼내 탑을 높게 쌓아 봐요. 아이는 탑을 높게 쌓으면서 더 멋진 탑을 만들겠다며 생각에 잠깁니다. 아이의 생각대로 멋진 탑을 만든 후 휴지심지로 꼬리, 폭탄, 뱀, 치아 놀이, 볼링, 코끼리 코, 인형극 등 다양한 놀이를 하며 마음껏 놀이합니다. 놀이를 하면서 아이의 이야기에 귀 기울이다 보면 다음 놀이의 힌트를 찾을 수 있습니다.

 준비물

휴지심지 15~17개, A4용지 5~6장

252

1 휴지심지 7개로 탑의 1층을 만들어요.

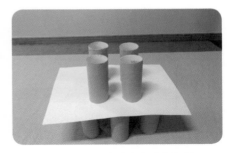

2 A4용지를 그대로 휴지심지 위에 올리고, 다시 그 위에 휴지심지 4개로 2층을 만들어요.

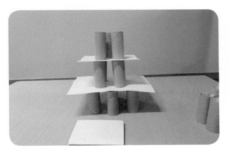

3 A4용지를 반으로 접어 올리고, 휴지심지 3개로 3층을 만들어요.

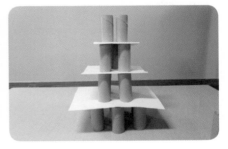

4 A4용지를 반으로 두 번 접어 올리고, 휴지심지 2개로 4층을 만들어요.

5 A4용지를 반으로 세 번 접어 올리고, 휴지심지 한 개를 올려요.

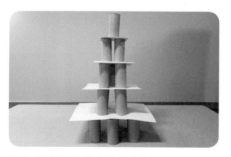

6 휴지심지 5층 탑이 멋지게 완성됐어요.

7 인형 장난감을 가져와 탑에서 아이가 마음껏
놀아요.

8 놀다가 더 멋진 탑을 만들겠다며 A4 용지를
접습니다.

9 A4 용지를 지붕 모양으로 만들어 조심스럽게
올려놓으니 더 멋진 탑이 완성됐습니다.

10 쌓은 탑을 후 불어 무너트리기
놀이를 해요.

 높이 쌓은 탑을 보면서 성취감을 느끼고,
탑을 무너트리는 놀이를 통해 스트레스를
해소할 수 있어요.

★응용놀이★ 휴지심지 이어서 놀기

휴지심지에 고무줄을 묶어요. 끝부분으로
활용할 휴지심지는 가로로 사용합니다.

고무줄에 휴지심지를 끼워 넣습니다.
이 부분부터는 휴지심지를 세로로 사용합니다.

고무줄에 휴지심지를 끼우며 놀다가 고무줄을
움직여 소리를 들어 봅니다.

휴지심지를 얼마나 끼웠는지 세어 봅니다.

길게 연결된 휴지심지를 이용해 코끼리 코
놀이를 해요.

허리에 고무줄을 묶어 꼬리잡기 놀이를 해요.

 꼬리잡기 놀이를 통해 뛰어다니면 신체뿐 아니라 운동 신경 발달 및 대근육이 발달합니다.

아이생일 사랑의 메시지를 찾아라

사랑스런 아이의 생일날 할 수 있는 특별한 놀이를 소개합니다. 바로 아이들이 좋아하는 보물찾기 놀이입니다. 보물 대신 엄마의 사랑이 듬뿍 담긴 쪽지를 찾는 놀이에요. 엄마는 아이가 집에 없을 때 축복의 메시지를 준비해서 이곳저곳에 숨겨 둬요. 아이는 쪽지를 찾으면서 특별한 시간으로 기억할 거예요. 작은 선물을 미리 준비해 두는 것도 좋습니다. 아이가 엄마의 사랑을 느낄 수 있도록 아이의 생일날 보물찾기 놀이를 해 봐요.

 준비물

사인펜, 가위, 한지색종이

256

1 한지색종이를 반으로 접어요. 연한 색을
사용하고 싶어서 일반 색종이가 아닌
한지색종이를 사용했어요.

2 색종이를 반으로 접고 하트 모양의 반을
그려요.

3 그린 모양을 가위로
오려요.

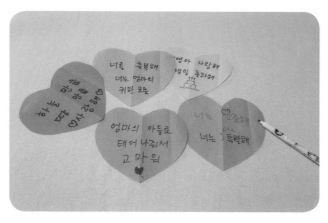

4 펼쳐서 엄마의 마음을
담은 사랑의 메시지를
작성해요.

5 숨기기 좋게 사랑의 메시지를 접어 줍니다.

Tip 아이가 자거나 집에 없을 때 준비하는 게 좋겠죠?

6 (아이가 집에 없을 때) 아이는 모르게 한적한 곳에 사랑의 메시지를 숨겨요.

7 (아이가 집에 오면) 아이와 함께 보물을 숨겨 둔 곳에 가서 보물찾기를 설명한 후 시작합니다.

8 아이가 보물을 찾으면 엄마가 쓴 사랑의 메시지를 읽어요.

놀이장점 아이가 좋아하는 활동을 생일에 하면 특별한 경험이 되고 기억에 남는 생일을 보낼 수 있어요.

★응용놀이1★ 집 안 장식하기

1 사랑의 메시지를 벽에 붙여 장식해서 아이가 오래도록 엄마의 마음을 느끼게 해 줘요.

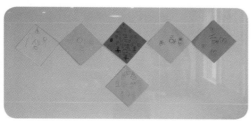

2 형제가 사랑의 메시지를 적어 축하해 줘도 좋아요.

★응용놀이2★ 도넛케이크

1 도넛을 여러 개 쌓고 모양을 꾸며 도넛케이크를 만들어요.

2 도넛에 초를 꽂아 불을 켜고 생일 축하 노래를 부릅니다.

바쁜 엄마도 부담 없는

초간단
52주
엄마표 놀이